建筑施工特种作业人员安全技术考核培训教材

物料提升机安装拆卸工

住房和城乡建设部工程质量安全监管司　组织编写

中国建筑工业出版社

图书在版编目（CIP）数据

物料提升机安装拆卸工/住房和城乡建设部工程质量安全监管司组织编写. —北京：中国建筑工业出版社，2009
建筑施工特种作业人员安全技术考核培训教材
ISBN 978-7-112-11279-1

Ⅰ. 物… Ⅱ. 住… Ⅲ. 建筑材料-提升车-装配（机械）-安全技术-技术培训-教材 Ⅳ. TH241.08

中国版本图书馆 CIP 数据核字（2009）第 167088 号

建筑施工特种作业人员安全技术考核培训教材
物料提升机安装拆卸工

住房和城乡建设部工程质量安全监管司　组织编写

*

中国建筑工业出版社出版、发行（北京西郊百万庄）
各地新华书店、建筑书店经销
北京红光制版公司制版
廊坊市海涛印刷有限公司印刷

*

开本：850×1168 毫米　1/32　印张：9　字数：230 千字
2009 年 12 月第一版　2016 年 10 月第四次印刷
定价：**20.00 元**
ISBN 978-7-112-11279-1
（18606）

版权所有　翻印必究
如有印装质量问题，可寄本社退换
（邮政编码 100037）

本书作为针对建筑施工特种作业人员之一物料提升机安装拆卸工的培训教材，紧紧围绕《建筑施工特种作业人员管理规定》、《建筑施工特种作业人员安全技术考核大纲（试行）》、《建筑施工特种作业人员安全操作技能考核标准（试行）》等相关规定，对物料提升机安装拆卸工必须掌握的安全技术知识和技能进行了讲解，全书共 6 章，包括：基础理论知识、起重吊装、物料提升机的构造和工作原理、安全装置与防护设施、物料提升机的安装与拆卸、物料提升机常见事故隐患与案例。本书针对物料提升机安装拆卸工的特点，本着科学、实用、适用的原则，内容深入浅出，语言通俗易懂，形式图文并茂，系统性、权威性、可操作性强。

本书既可作为物料提升机安装拆卸工的培训教材，也可作为物料提升机安装拆卸工常备参考书和自学用书。

* * *

责任编辑：刘　江　范业庶
责任设计：赵明霞
责任校对：陈　波　梁珊珊

《建筑施工特种作业人员安全技术考核培训教材》编写委员会

主　任：吴慧娟

副主任：王树平

编写组成员：（以姓氏笔画排名）

王　乔	王　岷	王　宪	王天祥	王曰浩
王英姿	王钟玉	王维佳	邓　谦	邓丽华
白森懋	包世洪	邢桂侠	朱万康	刘　锦
庄幼敏	汤坤林	孙文力	孙锦强	毕承明
毕监航	严　训	李　印	李光晨	李建国
李绘新	杨　勇	杨友根	吴玉峰	吴成华
邱志青	余大伟	邹积军	汪洪星	宋回波
张英明	张嘉洁	陈兆铭	邵长利	周克家
胡其勇	施仁华	施雯钰	姜玉东	贾国瑜
高　明	高士兴	高新武	唐涵义	崔　林
崔玲玉	程　舒	程史扬		

前　言

建筑施工特种作业人员是指在房屋建筑和市政工程施工活动中，从事可能对本人、他人及周围设备设施的安全造成重大危害作业的人员。《建设工程安全生产管理条例》第二十五条规定："垂直运输机械作业人员、安装拆卸工、爆破作业人员、起重信号工、登高架设作业人员等特种作业人员，必须按照国家有关规定经过专门的安全作业培训，并取得特种作业操作资格证书后，方可上岗作业"，《安全生产许可证条例》第六条规定："特种作业人员经有关业务主管部门考核合格，取得特种作业操作资格证书"。

当前，建筑施工特种作业人员的培训考核工作还缺乏一套具有权威性、针对性和实用性的教材。为此，根据住房城乡建设部颁布的《建筑施工特种作业人员管理规定》和《建筑施工特种作业人员安全技术考核大纲（试行）》、《建筑施工特种作业人员安全操作技能考核标准（试行）》的有关要求，我们组织编写了《建筑施工特种作业人员安全技术考核培训教材》系列丛书，旨在进一步规范建筑施工特种作业人员安全技术培训考核工作，帮助广大建筑施工特种作业人员更好地理解和掌握建筑安全技术理论和实际操作安全技能，全面提高建筑施工特种作业人员的知识水平和实际操作能力。

本套丛书共12册，适用于建筑电工、建筑架子工、建筑起重司索信号工、建筑起重机械司机、建筑起重机械安装拆卸工和高处作业吊篮安装拆卸工等建筑施工特种作业人员安全技术考核培训。本套丛书针对建筑施工特种作业人员的特点，本着科学、实用、适用的原则，内容深入浅出，语言通俗易懂，形式图文并茂，可操作性强。

本教材的编写得到了山东省建筑工程管理局、上海市城乡建设和交通委员会、山东省建筑施工安全监督站、青岛市建筑施工安全监督站、潍坊市建筑工程管理局、滨州市建筑工程管理局、济南市工程质量与安全生产监督站、山东省建筑安全与设备管理协会、上海市建设安全协会、山东建筑科学研究院、上海市建工设计研究院有限公司、上海市建设机械检测中心、威海建设集团股份有限公司、上海市建工（集团）总公司、上海市机施教育培训中心、潍坊昌大建设集团有限公司、山东天元建设集团有限公司等单位的大力支持，在此表示感谢。

由于编写时间较为紧张，难免存在错误和不足之处，希望给予批评指正。

住房和城乡建设部工程质量安全监管司
二〇〇九年十一月

目 录

1 基础理论知识 ··· 1
  1.1 力学基本知识 ······································· 1
    1.1.1 力学基本概念 ································ 1
    1.1.2 重心和吊点位置的选择 ···················· 3
    1.1.3 物体重量的计算 ····························· 6
  1.2 电工学基础 ··· 11
    1.2.1 基本概念 ······································ 11
    1.2.2 三相异步电动机 ····························· 16
    1.2.3 低压电器 ······································ 20
  1.3 机械基础知识 ······································ 24
    1.3.1 机械基础概述 ································ 24
    1.3.2 机械传动 ······································ 26
    1.3.3 轴系零部件 ··································· 40
    1.3.4 螺栓连接和销连接 ·························· 49
  1.4 钢结构基础知识 ··································· 50
    1.4.1 钢结构的特点 ································ 50
    1.4.2 钢结构的材料 ································ 51
    1.4.3 化学成分对钢材性能的影响 ·············· 56
    1.4.4 钢结构的连接 ································ 57

2 起重吊装 ··· 62
  2.1 常用起重器具 ······································ 62
    2.1.1 钢丝绳 ··· 62

2.1.2　吊钩 ······································· 77
　　2.1.3　卸扣 ······································· 80
　　2.1.4　滑车和滑车组 ······························· 82
　　2.1.5　链式滑车 ··································· 85
　　2.1.6　螺旋扣 ····································· 86
　　2.1.7　千斤顶 ····································· 87
　　2.1.8　卷扬机 ····································· 89
　　2.1.9　其他索具 ··································· 95
　2.2　起重作业的基本操作 ····························· 103
　　2.2.1　起重作业人工基本操作 ······················· 103
　　2.2.2　物体的绑扎 ································· 107
　2.3　起重机械 ······································· 109
　　2.3.1　常用的起重机 ······························· 109
　　2.3.2　起重机的基本参数 ··························· 110
　　2.3.3　起重机的选择 ······························· 111
　2.4　起重吊运指挥信号 ······························· 112
　　2.4.1　手势信号 ··································· 112
　　2.4.2　旗语信号 ··································· 113
　　2.4.3　音响信号 ··································· 113
　　2.4.4　起重吊运指挥语言 ··························· 113
　　2.4.5　起重机驾驶员使用的音响信号 ················· 113

3　物料提升机的构造和工作原理 ························· 115
　3.1　物料提升机概述 ································· 115
　3.2　物料提升机的类型 ······························· 117
　　3.2.1　按架体结构分类 ····························· 117
　　3.2.2　按吊笼分类 ································· 117
　　3.2.3　按提升高度分类 ····························· 119
　3.3　物料提升机的组成 ······························· 119

  3.3.1 钢结构件 ………………………………………… 119
  3.3.2 动力和传动机构 …………………………………… 122
  3.3.3 电气系统 …………………………………………… 128
  3.3.4 安全装置与辅助部件 ……………………………… 130
 3.4 物料提升机的工作原理 ………………………………… 130
  3.4.1 电气控制工作原理 ………………………………… 131
  3.4.2 牵引系统工作原理 ………………………………… 134
 3.5 物料提升机的基础与稳固 ……………………………… 136
  3.5.1 地基与承载力 ……………………………………… 136
  3.5.2 物料提升机基础 …………………………………… 137
  3.5.3 预埋件和锚固件 …………………………………… 137
  3.5.4 附墙架 ……………………………………………… 138
  3.5.5 缆风绳 ……………………………………………… 140
  3.5.6 地锚 ………………………………………………… 141

4 安全装置与防护设施 ……………………………………… 144
 4.1 安全装置 ………………………………………………… 144
  4.1.1 安全停靠装置 ……………………………………… 144
  4.1.2 断绳保护装置 ……………………………………… 147
  4.1.3 限位限载装置 ……………………………………… 151
  4.1.4 信号通信装置 ……………………………………… 153
 4.2 防护设施 ………………………………………………… 153
  4.2.1 安全门与防护棚 …………………………………… 153
  4.2.2 电气防护 …………………………………………… 154

5 物料提升机的安装与拆卸 ………………………………… 156
 5.1 物料提升机的安装 ……………………………………… 156
  5.1.1 安装作业前的准备 ………………………………… 156
  5.1.2 安装作业前的检查 ………………………………… 157

- 5.1.3 安装作业注意事项 ·················· 157
- 5.1.4 安装的顺序 ······················ 158
- 5.1.5 安装的要求 ······················ 159
- 5.2 物料提升机的调试和验收 ················ 164
  - 5.2.1 调试 ·························· 164
  - 5.2.2 自检 ·························· 166
  - 5.2.3 验收 ·························· 170
- 5.3 物料提升机的拆卸 ···················· 172
  - 5.3.1 拆卸作业前的准备 ················ 172
  - 5.3.2 拆卸作业注意事项 ················ 172
- 5.4 物料提升机安装拆卸调试实例 ············ 173
  - 5.4.1 安装前的准备工作 ················ 173
  - 5.4.2 安装前的检查 ···················· 174
  - 5.4.3 安装 ·························· 174
  - 5.4.4 调试 ·························· 178
  - 5.4.5 拆卸 ·························· 179

6 物料提升机常见事故隐患与案例 ············ 180
- 6.1 物料提升机常见事故隐患 ················ 180
  - 6.1.1 安装和拆卸常见事故隐患 ············ 180
  - 6.1.2 使用和管理常见事故隐患 ············ 181
- 6.2 物料提升机事故案例 ·················· 182
  - 6.2.1 违规安装物料提升机倒塌事故 ········ 182
  - 6.2.2 违规固定滑轮致使吊笼坠落事故 ······ 183
  - 6.2.3 违规替代重要部件致使吊笼坠落事故 ·· 184

附录1 起重机 钢丝绳 保养、维护、检验和报废 ········ 186
附录2 起重吊运指挥信号 ······················ 244
附录3 建筑起重机械安装拆卸工（物料提升机）安全

技术考核大纲（试行） …………………………… 269

附录4 建筑起重机械安装拆卸工（物料提升机）安全操作技能考核标准（试行） …………………… 271

参考文献……………………………………………………… 274

1 基础理论知识

1.1 力学基本知识

1.1.1 力学基本概念

(1) 力的概念

力是一个物体对另一个物体的作用,它包括了两个物体,一个叫受力物体,另一个叫施力物体,其效果是使物体的运动状态或形状发生变化。

力使物体运动状态发生变化的效应称为力的外效应,使物体产生变形的效应称为力的内效应。力是物体间的相互机械作用,力不能脱离物体而独立存在。

(2) 力的三要素

在力学中,把"力的大小、方向和作用点"称为力的三个要素。力的大小表明物体间作用力的强弱程度;力的方向表明在该力的作用下,静止的物体开始运动的方向,作用力的方向不同,物体运动的方向也不同;力的作用点是物体上直接受力作用的点。

如图 1-1 所示,用手拉伸弹簧,用的力越大,弹簧拉得越长,这表明力产生的效果跟力的大小有关;用同样大小的力拉弹簧和压弹簧,拉的时候弹簧伸长、压的时候弹簧缩短,说明力的作用效果跟力的作用方向有关系。如图1-2所示，用扳手拧螺母，手握在扳手手柄的 A 点比 B 点省力，所以力的作用效果与力的方向和力的作用点有关。三要素中任何一个要素改变，都会使力的作用效果改变。

图1-1 手拉弹簧　　　　图1-2 用扳手拧螺母

（3）力的单位

在国际计量单位制中，力的单位用牛顿或千牛顿，简写为牛（N）或千牛（kN）。工程上曾习惯采用公斤力、千克力（kgf）和吨力（tf）来表示。它们之间的换算关系为：

1牛顿（N）＝0.102公斤力（kgf）

1吨力（tf）＝1000公斤力（kgf）

1千克力（kgf）＝1公斤力（kgf）＝9.807牛（N）≈10牛（N）

（4）力的合成与分解

力是矢量，力的合成与分解都遵从平行四边形法则，如图1-3所示。

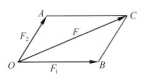

图1-3 平行四边形法则

平行四边形法则实质上是一种等效替换的方法。一个矢量（合矢量）的作用效果和另外几个矢量（分矢量）共同作用的效果相同，就可以用这一个矢量代替那几个矢量，也可以用那几个矢量代替这一个矢量，而不改变原来的作用效果。

在分析同一个问题时，合矢量和分矢量不能同时使用。也就是说，在分析问题时，考虑了合矢量就不能再考虑分矢量；考虑了分矢量就不能再考虑合矢量。

(5) 力的平衡

作用在物体上几个力的合力为零,这种情形叫做力的平衡。

在起重吊装作业中,因力的不平衡可能造成被吊运物体的翻转、失控、倾覆,只有被吊运物体上的力保持平衡,才能保证物体处于静止或匀速运动状态,才能保持被吊物体稳定。

1.1.2 重心和吊点位置的选择

(1) 重心

重心是物体所受重力的合力的作用点,物体的重心位置由物体的几何形状和物体各部分的质量分布情况来决定。质量分布均匀、形状规则的物体的重心在其几何中心。物体的重心可能在物体的形体之内,也可能在物体的形体之外。

1) 物体的形状改变,其重心位置可能不变。如一个质量分布均匀的立方体,其重心位于几何中心。当该立方体变为一长方体后,其重心仍然在其几何中心;当一杯水倒入一个弯曲的玻璃管中,其重心就发生了变化。

2) 物体的重心相对物体的位置是一定的,它不会随物体放置的位置改变而改变。

(2) 重心的确定

1) 材质均匀、形状规则的物体的重心位置容易确定,如均匀的直棒,它的重心在它的中心点上,均匀球体的重心就是它的球心,直圆柱的重心在它的圆柱轴线的中点上。

2) 对形状复杂的物体,可以用悬挂法求出它们的重心。如图 1-4 所示,方法是在物体上任意找一点 A,用绳子把它悬挂起来,物体的重力与绳子的拉力必定在同一条直线上,也就是重心必定在通过 A 点所作的竖直线 AD 上;再取任一点 B,同样把

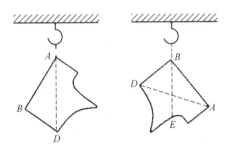

图 1-4 悬挂法求形状不规则物体的重心

物体悬挂起来,重心必定在通过 B 点的竖直线 BE。这两条直线的交点,就是该物体的重心。

(3) 吊点位置的选择

在起重作业中,应当根据被吊物体来选择吊点位置,吊点位置选择不当就会造成绳索受力不均,甚至发生被吊物体转动、倾翻的危险。吊点位置的选择,一般按下列原则进行:

1) 吊运各种设备、构件时要用原设计的吊耳或吊环。

2) 吊运各种设备、构件,如果没有吊耳或吊环,可在设备四个端点上捆绑吊索,然后根据设备具体情况,选择吊点,使吊点与重心在同一条垂线上。但有些设备未设吊耳或吊环,如各种罐类以及重要设备,往往有吊点标记,应仔细检查。

3) 吊运方形物体时,四根绳应拴在物体的四边对称点上。

4) 吊装细长物体时,如桩、钢筋、钢柱、钢梁等杆件,应按计算确定的吊点位置绑扎绳索,吊点位置的确定有以下几种情况:

① 一个吊点:起吊点位置应设在距起吊端 $0.3L$(L 为物体的长度)处。如钢管长度为 10m,则捆绑位置应设在钢管起吊端距端部 $10 \times 0.3 = 3m$ 处,如图 1-5(a)所示。

② 两个吊点:如起吊用两个吊点,则两个吊点应分别距物体

两端 0.21L 处。如果物体长度为 10m，则吊点位置为 $10 \times 0.21 = 2.1$m，如图 1-5（b）所示。

③三个吊点：如物体较长，为减少起吊时物体所产生的应力，可采用三个吊点。三个吊点位置确定的方法是，首先用 0.13L 确定出两端的两个吊点位置，然后把两吊点间的距离等分，即得第三个吊点的位置，也就是中间吊点的位置。如杆件长 10m，则两端吊点位置为 $10 \times 0.13 = 1.3$m，如图 1-5（c）所示。

④四个吊点：选择四个吊点，首先用 0.095L 确定出两端的两个吊点位置，然后再把两吊点间的距离进行三等分，即得中间两吊点位置。如杆件长 10m，则两端吊点位置分别距两端 $10 \times 0.095 = 0.95$m，中间两吊点位置分别距两端 $10 \times 0.095 + 10 \times (1 - 0.095 \times 2) / 3$，如图 1-5（d）所示。

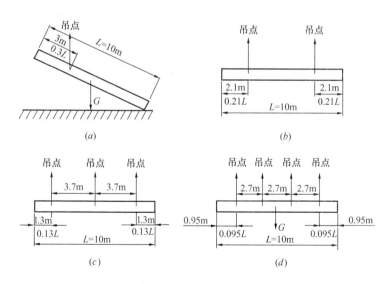

图 1-5 吊点位置选择示意图
(a) 单个吊点；(b) 两个吊点；(c) 三个吊点；(d) 四个吊点

1.1.3 物体重量的计算

质量表示物体所含物质的多少,是由物体的体积和材料密度所决定的;重量是表示物体所受地球引力的大小,是由物体的体积和材料的重度所决定的。为了正确的计算物体的重量,必须掌握物体体积的计算方法和各种材料密度等有关知识。

(1) 长度的量度

工程上常用的长度基本单位是毫米(mm)、厘米(cm)和米(m)。它们之间的换算关系是 1m=100cm=1000mm。

(2) 面积的计算

物体体积的大小与它本身截面积的大小成正比。各种规则几何图形的面积计算公式见表 1-1。

平面几何图形面积计算公式表   表 1-1

名 称	图 形	面积计算公式
正方形	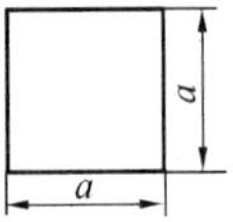	$S=a^2$
长方形	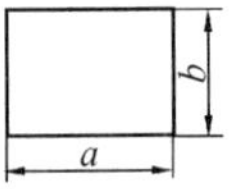	$S=ab$
平行四边形	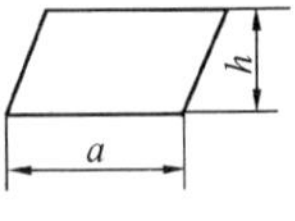	$S=ah$
三角形	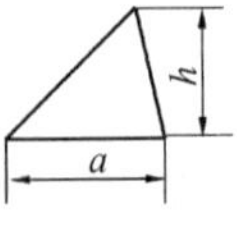	$S=\dfrac{1}{2}ah$

续表

名 称	图 形	面积计算公式
梯 形		$S = \dfrac{(a+b)h}{2}$
圆 形		$S = \dfrac{\pi}{4}d^2$（或 $S = \pi R^2$） 式中　d——圆直径； 　　　R——圆半径
圆环形		$S = \dfrac{\pi}{4}(D^2 - d^2) = \pi(R^2 - r^2)$ 式中　d、D——内、外圆环直径； 　　　r、R——内、外圆环半径
扇 形		$S = \dfrac{\pi R^2 \alpha}{360}$ 式中　α——圆心角（°）

(3) 物体体积的计算

对于简单规则的几何形体的体积，可按表1-2中的计算公式计算。对于复杂的物体体积，可将其分解成数个规则的或近似的几何形体，求其体积的总和。

各种几何形体体积计算公式表　　表1-2

名 称	图 形	公 式
立方体		$V = a^3$

续表

名　称	图　形	公　式
长方体		$V=abc$
圆柱体		$V=\dfrac{\pi}{4}d^2h=\pi R^2h$ 式中　R——半径
空心圆柱体		$V=\dfrac{\pi}{4}(D^2-d^2)h=\pi(R^2-r^2)h$ 式中　r、R——内、外半径
斜截正圆柱体		$V=\dfrac{\pi}{4}d^2\dfrac{(h_1+h)}{2}=\pi R^2\dfrac{(h_1+h)}{2}$ 式中　R——半径
球　体		$V=\dfrac{4}{3}\pi R^3=\dfrac{1}{6}\pi d^3$ 式中　R——底圆半径； 　　　d——底圆直径
圆锥体		$V=\dfrac{1}{12}\pi d^2h=\dfrac{\pi}{3}R^2h$ 式中　R——底圆半径； 　　　d——底圆直径

续表

名 称	图 形	公 式
任意三棱体		$V = \frac{1}{2}bhl$ 式中 b——边长； 　　h——高； 　　l——三棱体长
截头方锥体		$V = \frac{h}{6} \times [(2a+a_1)b + (2a_1+a)b_1]$ 式中 a、a_1——上下边长； 　　b、b_1——上下边宽； 　　h——高
正六角棱柱体		$V = \frac{3\sqrt{3}}{2}b^2 h$ $V = 2.598b^2 h = 2.6b^2 h$ 式中 b——底边长

(4) 物体重量（质量）的计算

在物理学中，把某种物质单位体积的质量叫做这种物质的密度，其单位是 kg/m^3。各种常用物质的密度见表1-3。

各种常用物质的密度表　　　　　　　表1-3

物体材料	密度（$\times 10^3 kg/m^3$）	物体材料	密度（$\times 10^3 kg/m^3$）
水	1.0	混凝土	2.4
钢	7.85	碎石	1.6
铸铁	7.2～7.5	水泥	0.9～1.6
铸铜、镍	8.6～8.9	砖	1.4～2.0
铝	2.7	煤	0.6～0.8
铅	11.34	焦炭	0.35～0.53
铁矿	1.5～2.5	石灰石	1.2～1.5
木材	0.5～0.7	造型砂	0.8～1.3

物体的重量可根据下式计算：

物体的质量＝物体的密度×物体的体积，其表达式（1-1）：

$$m = \rho V \qquad (1-1)$$

式中　m——物体的质量（kg）；

　　　ρ——物体的材料密度（kg/m³）；

　　　V——物体的体积（m³）。

物体的重量

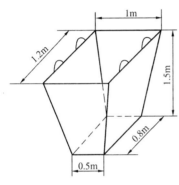

图1-6　起重机的料斗

$$G = mg$$

式中　g——质量为1kg的物体所受到的重力，大小为10N。

【例1-1】起重机的料斗如图1-6所示，它的上口长为1.2m，宽为1m，下底面长0.8m，宽为0.5m，高为1.5m，试计算满斗混凝土的重力。

【解】查表1-3得知混凝土的密度：

$$\rho = 2.4 \times 10^3 \, \text{kg/m}^3$$

料斗的体积：

$$V = \frac{h}{6}[(2a + a_1)b + (2a_1 + a)b_1]$$

$$= \frac{1.5}{6}[(2 \times 1.2 + 0.8) \times 1 + (2 \times 0.8 + 1.2) \times 0.5]$$

$$= 1.15 \, \text{m}^3$$

混凝土的质量：$m = \rho V = 2.4 \times 10^3 \times 1.15 = 2.76 \times 10^3 \, \text{kg}$

混凝土的重量：$G = mg = 2.76 \times 10^3 \times 10 \, \text{N} = 27.6 \, \text{kN}$

1.2 电工学基础

1.2.1 基本概念

(1) 电流、电压和电阻
1) 电流
在电路中电荷有规则的运动称为电流。

电流不但有方向,而且有大小。大小和方向都不随时间变化的电流,称为直流电,用字母"DC"或符号"—"表示;大小和方向随时间变化的电流,称为交流电,用字母"AC"或符号"∼"表示。

电流的大小称为电流强度,简称电流。电流强度的定义公式,见式(1-2)

$$I = \frac{Q}{t} \qquad (1-2)$$

式中 I——电流强度(A);

Q——通过导体某截面的电荷量(C);

t——电荷通过时间(s)。

电流(即电流强度)的基本单位是安培,简称安,用字母 A 表示,电流常用的单位还有 kA、mA、μA,换算关系为:

$$1kA = 10^3 A$$
$$1mA = 10^{-3} A$$
$$1\mu A = 10^{-6} A$$

测量电流强度的仪表叫电流表,又称安培表,分直流电流表和交流电流表两类。测量时必须将电流表串联在被测的电路中。

每一个安培表都有一定的测量范围,所以在使用安培表时,应该先估算一下电流的大小,选择量程合适的电流表。

2)电压

电路中要有电流,必须要有电位差,有了电位差电流才能从电路中的高电位点流向低电位点。

电压是指电路中任意两点之间的电位差。电压的基本单位是伏特,简称伏,用字母 V 表示,常用的单位还有千伏(kV)、毫伏(mV)等,换算关系为:

$$1kV = 10^3 V$$

$$1mV = 10^{-3} V$$

测量电压大小的仪表叫电压表,又称伏特表,分直流电压表和交流电压表两类。测量时,必须将电压表并联在被测量电路中,每个伏特表都有一定的测量范围(即量程)。使用时,必须注意所测的电压不得超过伏特表的量程。

电压按等级划分为高压、低压与安全电压。

高压:指电气设备对地电压在 250V 以上;

低压:指电气设备对地电压为 250V 以下;

安全电压有五个等级:42V、36V、24V、12V、6V。

3)电阻

导体对电流的阻碍作用成为电阻,导体电阻是导体中客观存在的。在温度不变时导体的电阻,跟它的长度成正比,跟它的横截面积成反比。上述关系见式(1-3)。

$$R = \rho \frac{L}{S} \qquad (1-3)$$

式中 R——导体的电阻(Ω);

ρ——导体的电阻率(Ω·m);

L——导体的长度(m);

S——导体的横截面积(mm^2)。

式（1-3）中 ρ 是导体的材料决定的，称为导体的电阻率。电阻的常用单位有欧姆（Ω）、千欧（kΩ）、兆欧（MΩ）。他们的换算关系是：

$$1\text{k}\Omega = 10^3\,\Omega$$
$$1\text{M}\Omega = 10^3\,\text{k}\Omega = 10^6\,\Omega$$

（2）电路

1）电路的组成

电路就是电流流通的路径，如日常生活中的照明电路，电动机电路等。电路一般由电源、负载、导线和控制器件四个基本部分组成，如图1-7所示。

①电源：将其他形式的能量转换为电能的装置，在电路中，电源产生电能，并维持电路中的电流。

②负载：将电能转换为其他形式能量的装置。

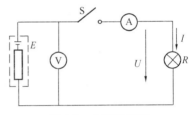

图1-7 电路示意图

③导线：连接电源和负载的导体，为电流提供通道并传输电能。

④控制器件：在电路中起接通、断开、保护和测量等作用的装置。

2）电路的类别

按照负载的连接方式，电路可分为串联电路和并联电路。电路中电流依次通过每一个组成元件的电路称为串联电路；所有负载（电源）的输入端和输出端分别被连接在一起的电路，称为并联电路。

按照电流的性质，分为交流电路和直流电路。电压和电流的大小及方向随时间变化的电路，叫交流电路；电压和电流的大小及方向不随时间变化的电路，叫直流电路。

3）电路的状态

①通路：当电路的开关闭合，负载中有电流通过时称为通路，电路正常工作状态为通路。

②开路：即断路，指电路中开关打开或电路中某处断开时的状态，开路时电路中无电流通过。

③短路：电源两端的导线因某种事故未经过负载而直接连通时称为短路。短路时负载中无电流通过，流过导线的电流比正常工作时大几十倍甚至数百倍，短时间内就会使导线产生大量的热量，造成导线熔断或过热而引发火灾，短路是一种事故状态，应避免发生。

（3）电功率和电能

1）电功率

在导体的两端加上电压，导体内就产了电流。电场力推动自由电子定向移动所作的功，通常称为电流所作的功或称为电功（W）。

电流在一段电路所作的功，与这段电路两端的电压 U、电路中的电流强度 I 和通电时间 t 成正比，见式（1-4）。

$$W = UIt \qquad (1\text{-}4)$$

式中 W——电流在一段电路所作的功（J）；

U——电路两端的电压（V）；

I——电路中的电流强度（A）；

t——通电时间（s）。

单位时间内电流所作的功叫电功率，简称功率，用字母 P 表示，其单位为焦耳/秒（J/s），即瓦特，简称瓦（W）。功率的计算见式（1-5）。

$$P = \frac{W}{t} = \frac{UIt}{t} = UI = I^2R = \frac{U^2}{R} \qquad (1\text{-}5)$$

式中 P——功率（J/s）；

W——电流在一段电路所作的功（J）；

U——电路两端的电压（V）；

I——电路中的电流强度（A）；

t——通电时间（s）。

常用的电功率单位还有千瓦（kW）、兆瓦（MW）和马力（HP），换算关系为：

$$1\text{kW} = 10^3 \text{W}$$

$$1\text{MW} = 10^6 \text{W}$$

$$1\text{HP}（马力）= 736\text{W}$$

2）电能

电路的主要任务是进行电能的传送、分配和转换。电能是指一段时间内电场所作的功，见式（1-6）。

$$W = Pt \qquad (1-6)$$

式中 W——电能（kW·h）；

P——功率（J/s）；

t——通电的时间（s）。

电能的单位是千瓦·时（kW·h），简称度。1 度＝1kW·h。

测量电功的仪表是电能表，又称电度表，它可以计量用电设备或电器在某一段时间内所消耗的电能。测量电功率的仪表是功率表，它可以测量用电设备或电气设备在某一工作瞬间的电功率大小。功率表又可以分为有功功率表（kW）和无功功率表（kvar）。

（4）三相交流电

我国工业上普遍采用频率为 50Hz 的正弦交流电，在日常生活中，人们接触较多的是单向交流电，而实际工作中，人们接触更多的是三相交流电。

三个具有相同频率、相同振幅，但在相位上彼此相差120°的正弦交流电，统称为三相交流电。三相交流电习惯上分为A、B、C三相。按国标规定，交流供电系统的电源A、B、C分别用L_1、L_2、L_3表示，其相色分别为黄色、绿色和红色。交流供电系统中电气设备接线端子的A、B、C相依次用U、V、W表示，如三相电动机三相绕组的首端和尾端分别为U_1和U_2、V_1和V_2、W_1和W_2。

1.2.2 三相异步电动机

电动机分为交流电动机和直流电动机两大类，交流电动机又分为异步电动机和同步电动机。异步电动机又可分为单相电动机和三相电动机。电扇、洗衣机、电冰箱、空调、排风扇、木工机械及小型电钻等使用的是单相异步电动机，建筑卷扬机一般都采用三相异步电动机。

（1）三相异步电动机的结构

三相异步电动机也叫三相感应电动机，主要由定子和转子两个基本部分组成。转子又可分为鼠笼式和绕线式两种。

1）定子

定子主要由定子铁芯、定子绕组、机座和端盖等组成。

①定子铁芯

定子铁芯是异步电动机主磁通磁路的一部分，通常由导磁性能较好的 0.35～0.5mm 厚的硅钢片叠压而成。对于容量较大（10kW以上）的电动机，在硅钢片两面涂以绝缘漆，作为片间绝缘之用。

②定子绕组

定子绕组是异步电动机的电路部分，由三相对称绕组按一定的空间角度依次嵌放在定子线槽内，其绕组有单层和双层两种基本形式，如图1-8所示。

③机座

机座的作用主要是固定定子铁芯并支撑端盖和转子，中小型异步电动机一般都采用铸铁机座。

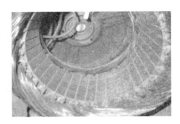

图1-8　三相电机的定子绕组

2）转子

转子部分由转子铁芯、转子绕组及转轴组成。

①转子铁芯，也是电动机主磁通磁路的一部分，一般也由0.35～0.5mm厚的硅钢片叠成，并固定在转轴上。转子铁芯外圆侧均匀分布着线槽，用以浇铸或嵌放转子绕组。

②转子绕组，按其形式分为鼠笼式和绕线式两种。

小容量鼠笼式电动机一般采用在转子铁芯槽内浇铸铝笼条，两端的端环将笼条短接起来，并浇铸冷却成风扇叶状。如图1-9所示，为鼠笼式电机的转子。

图1-9　鼠笼式电机的转子

绕线式电动机是在转子铁芯线槽内嵌放对称三相绕组，如图1-10所示。三相绕组的一端接成星形，另一端接在固定于转轴的滑环（集电环）上，通过电刷与变阻器连接。如图1-11所示，为三相绕线式电机的滑环结构。

③转轴，其主要作用是支撑转子和传递转矩。

图1-10 绕线式电机的转子绕组

(2) 三相异步电动机的铭牌

电动机出厂时,在机座上都有一块铭牌,上面标有该电机的型号、规格和有关数据。

1) 铭牌的标识

电机产品型号举例:Y-132S_2-2

Y——表示异步电动机;

132——表示机座号,数据为轴心对底座平面的中心高(mm);

S——表示短机座(S:短;M:中;L:长);

$_2$——表示铁芯长度号;

2——表示电动机的极数。

图1-11 三相绕线式电机的滑环结构

2) 技术参数

①额定功率:电动机的额定功率也称额定容量,表示电动机在额定工作状态下运行时,轴上能输出的机械功率,单位为W或kW。

②额定电压:是指电动机额定运行时,外加于定子绕组上的线电压,单位为V或kV。

③额定电流:是指电动机在额定电压和额定输出功率时,定

子绕组的线电流,单位为 A。

④额定频率:额定频率是指电动机在额定运行时电源的频率,单位为 Hz。

⑤额定转速:额定转速是指电动机在额定运行时的转速,单位为 r/min。

⑥接线方法:表示电动机在额定电压下运行时,三相定子绕组的接线方式。目前电动机铭牌上给出的接法有两种,一种是额定电压为 380V/220V,接法为 Y/△;另一种是额定电压 380V,接法为 △。

⑦绝缘等级:电动机的绝缘等级,是指绕组所采用的绝缘材料的耐热等级,它表明电动机所允许的最高工作温度,见表 1-4。

绝缘等级及允许最高工作温度　　　　表 1-4

绝缘等级	Y	A	E	B	F	H	C
最高工作温度(℃)	90	105	120	130	155	180	>180

(3) 三相异步电动机的运行与维护

1) 电动机启动前检查

①电动机上和附近有无杂物和人员;

②电动机所拖动的机械设备是否完好;

③大型电动机轴承和启动装置中油位是否正常;

④绕线式电动机的电刷与滑环接触是否紧密;

⑤转动电动机转子或其所拖动的机械设备,检查电动机和拖动的设备转动是否正常。

2) 电动机运行中的监视与维护

①电动机的温升及发热情况;

②电动机的运行负荷电流值;

③电源电压的变化;

④三相电压和三相电流的不平衡度;

⑤电动机的振动情况；
⑥电动机运行的声音和气味；
⑦电动机的周围环境、适用条件；
⑧电刷是否冒火或有其他异常现象。

1.2.3 低压电器

低压电器在供配电系统中广泛用于电路、电动机、变压器等电气装置上，起着开关、保护、调节和控制的作用，按其功能分有开关电器、控制电器、保护电器、调节电器、主令电器和成套电器等，现主要介绍起重机械中常用的几种低压电器。

（1）主令电器

主令电器是一种能向外发送指令的电器，主要有按钮、行程开关、万能转换开关和接触开关等。利用它们可以实现人对控制电器的操作或实现控制电路的顺序控制。

1）控制按钮

按钮是一种靠外力操作接通或断开电路的电气元件，一般不能直接用来控制电气设备，只能发出指令，但可以实现远距离操作。如图1-12所示，为几种按钮的外形与结构。

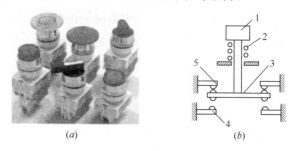

图1-12 按钮的外形与结构
(a) 视图；(b) 示意图
1—按钮；2—弹簧；3—接触片；4、5—接触点

2）行程开关

行程开关又称限位开关或终点开关,是一种将机械信号转换为电信号来控制运动部件行程的开关元件。它不用人工操作,而是利用机械设备某些部件的碰撞来完成的,以控制自身的运动方向或行程大小的主令电器,被广泛用于顺序控制器、运动方向、行程、零位、限位、安全及自动停止、自动往复等控制系统中。如图1-13所示,为几种常见的行程开关。

图1-13 几种常见的行程开关

3）万能转换开关

万能转换开关是一种多对触头、多个挡位的转换开关。主要由操作手柄、转轴、动触头及带号码牌的触头盒等构成。常用的转换开关有LW2、LW4、LW5－15D、LW15－10、LWX2等,在QT30以下的塔式起重机一般使用LW5型转换开关。如图1-14所示,为一种万能转换开关。

4）主令控制器

主令控制器（又称主令开关）主要用于电气传动装置中,按一定顺序分合触头,达到发布命令或其

图1-14 万能转换开关

他控制线路连锁转换的目的。其中塔机的连动操作台就属于主令控制器,用来操作塔式起重机的回转、变幅、升降,如图1-15所示。

图 1-15 塔机的连动操作台

（2）空气断路器

低压空气断路器又称自动空气开关或空气开关，属开关电器，是用于当电路中发生过载、短路和欠压等不正常情况时，能自动分断电路的电器，也可用作不频繁地启动电动机或接通、分断电路，有万能式断路器、塑壳式断路器、微型断路器等，如图 1-16 所示，为几种常见的断路器。

图 1-16 几种常见的断路器

（3）漏电保护器

漏电保护器，又称剩余电流动作保护器，主要用于保护人身因漏电发生电击伤亡、防止因电气设备或线路漏电引起电气火灾事故。

安装在负荷端电器电路的漏电保护器，是考虑到漏电电流通过人体的影响，用于防止人为触电的漏电保护器，其动作电流不得大于 30mA，动作时间不得大于 0.1s。应用于潮湿场所的电器设备，应选用动作电流不大于 15mA 的漏电保护器。

漏电保护器按结构和功能分为漏电开关、漏电断路器、漏电继电器、漏电保护插头、插座。漏电保护器按极数还可分为单极、二极、三极和四极等多种。

(4) 接触器

接触器是利用自身线圈流过电流产生磁场，使触头闭合，以达到控制负载的电器。接触器用途广泛，是电力拖动和控制系统中应用最为广泛的一种电器，它可以频繁操作，远距离闭合、断开主电路和大容量控制电路，接触器可分为交流接触器和直流接触器两大类。

接触器主要由电磁系统、触头系统和灭弧装置等几部分组成。交流接触器的交流线圈的额定电压有380V、220V等，如图1-17 所示，为几种常见的接触器。

图 1-17　几种常见的接触器

(5) 继电器

继电器是一种自动控制电器，在一定的输入参数下，它受输入端的影响而使输出参数有跳跃式的变化。常用的有中间继电器、热继电器、时间继电器和温度继电器等。如图 1-18 所示，为几种常见的继电器。

图 1-18　几种常见的继电器

图1-19 刀开关

（6）刀开关

刀开关又称闸刀开关或隔离开关，它是手控电器中最简单而使用又较广泛的一种低压电器。刀开关在电路中的作用是隔离电源和分断负载。如图1-19所示，为一种常见的刀开关。

1.3 机械基础知识

1.3.1 机械基础概述

（1）机器

机器基本上都是由原动部分、工作部分和传动部分组成的。原动部分是机器动力的来源。常用的原动机有电机、内燃机等。工作部分是完成机器预定的动作，处于整个传动的终端，其结构形式要取决于机器工作本身的用途。传动部分是把原动部分的运动和动力传递给工作部分的中间环节。

机器通常有以下三个共同的特征：

1）机器是由许多的构件组合而成的，如图1-20所示，钢筋切断机由电动机通过带传动及齿轮传动减速机，带动由曲柄、连杆和滑块组成的曲柄滑块

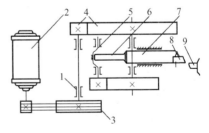

图1-20 钢筋切断机示意图
1—机架；2—电动机；3—带传动机构；
4—齿轮机构；5—偏心轴；6—连杆；
7—滑块；8—活动刀片；9—固定刀片

机构，使安装在滑块上的活动刀片周期性地靠近或离开安装在机架上的固定刀片，完成切断钢筋的工作循环。其原动部分为电动机，执行部分为刀片，传动部分包括带传动、齿轮传动和曲柄滑块机构。

2）机器中的构件之间具有确定的相对运动。活动刀片相对于固定刀片作往复运动。

3）机器可以用来代替人的劳动，完成有用的机械功或者实现能量转换。如运输机可以改变物体的空间位置，电动机能把电能转换成机械能等。

（2）机构

机构与机器有所不同，机构具有机器的前两个特征，而没有最后一个特征，通常把这些具有确定相对运动构件的组合称为机构。所以机构和机器的区别是机构的主要功用在于传递或转变运动的形式，而机器的主要功用是为了利用机械能作功或能量转换。

（3）机械

机械是机器和机构的总称。

（4）运动副

使两物体直接接触而又能产生一定相对运动的连接，称为运动副。如图1-21所示。

根据运动副中两机构接触形式不同，运动副可分为低副和高副。

1）低副

低副是指两构件之间作面接触的运动副。按两构件的相对运动情况，可分为：

①转动副：指两构件在接触处只允许作相对转动，如由轴和瓦之间组成的运动副。

②移动副：指两构件在接触处只允许作相对移动，如由滑块

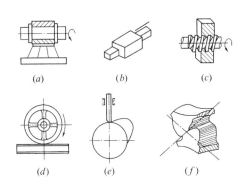

图 1-21 运动副

(a) 转动副；(b) 移动副；(c) 螺旋副；
(d) 滚轮副；(e) 凸轮副；(f) 齿轮副

与导槽组成的运动副。

③螺旋副：两构件在接触处只允许作一定关系的转动和移动的复合运动，如丝杠与螺母组成的运动副。

2) 高副

高副是两构件之间作点或线接触的运动副。按两构件的相对运动情况，可分为：

①滚轮副：如由滚轮和轨道之间组成的运动副。

②凸轮副：如凸轮与从动杆组成的运动副。

③齿轮副：如两齿轮轮齿的啮合组成的运动副。

1.3.2 机械传动

(1) 齿轮传动

齿轮传动是由齿轮副组成的传递运动和动力的一套装置，所谓齿轮副是由两个相啮合的齿轮组成的基本结构。

1) 齿轮传动工作原理

齿轮传动由主动轮、从动轮和机架组成。齿轮传动是靠主动轮的轮齿与从动轮的轮齿直接啮合来传递运动和动力的装置。如图 1-22 所示，当一对齿轮相互啮合而工作时，主动轮 O_1 的轮齿 1、2、3、4……，通过啮合点法向力的作用逐个地推动从动轮 O_2 的轮齿 $1'$、$2'$、$3'$、$4'$ ……，使从动轮转动，从而将主动轮的动力和运动传递给从动轮。

2) 传动比

如图 1-22 所示，在一对齿轮中，设主动齿轮的转速为 n_1，

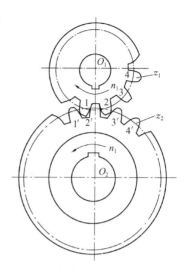

图 1-22 齿轮传动

齿数为 z_1，从动齿轮的转速为 n_2，齿数为 z_2，由于是啮合传动，在单位时间里两轮转过的齿数应相等，即 $z_1 \cdot n_1 = z_2 \cdot n_2$，由此可得一对齿轮的传动比，见式（1-7）：

$$i_{12} = \frac{n_1}{n_2} = \frac{z_2}{z_1} \qquad (1-7)$$

式中　i_{12}——齿轮的传动比；

n_1、n_2——齿轮的转速；

z_1、z_2——齿轮的齿数。

式（1-7）说明一对齿轮传动比，就是主动齿轮与从动齿轮转速（角速度）之比，与其齿数成反比。若两齿轮的旋转方向相同，规定传动比为正；若两齿轮的旋转方向相反，规定传动比为负，则一对齿轮的传动比可写为：

$$i_{12} = \pm \frac{n_1}{n_2} = \pm \frac{z_2}{z_1}$$

3) 齿轮各部分名称和符号，如图 1-23 所示。

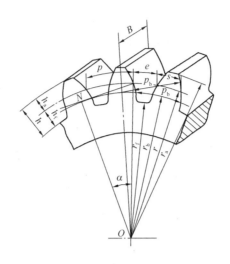

图 1-23 齿轮各部分名称和符号

①齿槽：齿轮上相邻两轮齿之间的空间；

②齿顶圆：通过轮齿顶端所作的圆称为齿顶圆，其直径用 d_a 表示，半径用 r_a 表示；

③齿根圆：通过齿槽底所作的圆称为齿根圆，其直径用 d_f 表示，半径用 r_f 表示；

④齿厚：一个齿的两侧端面齿廓之间的弧长称为齿厚，用 s 表示；

⑤齿槽宽：一个齿槽的两侧齿廓之间的弧长称为齿槽宽，用 e 表示；

⑥分度圆：齿轮上具有标准模数和标准压力角的圆称为分度圆，其直径用 d 表示，半径用 r 表示；对于标准齿轮，分度圆上的齿厚和槽宽相等；

⑦齿距：相邻两齿上同侧齿廓之间的弧长称为齿距，用 p 表示，即 $p=s+e$；

⑧齿高：齿顶圆与齿根圆之间的径向距离称为齿高，用 h 表示；

⑨齿顶高：齿顶圆与分度圆之间的径向距离称为齿顶高，用 h_a 表示；

⑩齿根高：齿根圆与分度圆之间的径向距离称为齿根高，用 h_f 表示；

⑪齿宽：齿轮的有齿部位沿齿轮轴线方向量得的齿轮宽度，用 B 表示。

4）主要参数

①齿数：在齿轮整个圆周上轮齿的总数称为齿数，用 z 表示。

②模数：模数是齿轮几何尺寸计算中最基本的一个参数。齿距除以圆周率所得的商，称为模数，由于 π 为无理数，为了计算和制造上的方便，人为地把 p/π 规定为有理数，用 m 表示，模数单位为 mm，即：$m=p/\pi=d/z$。

模数直接影响齿轮的大小、轮齿齿形和强度的大小。对于相同齿数的齿轮，模数越大，齿轮的几何尺寸越大，轮齿也大，因此承载能力也越大。

国家对模数值，规定了标准模数系列，见表1-5。

标准模数系列表　　　　　　　　　　　表 1-5

第一系列 (mm)	0.1	0.12	0.15	0.2	0.25	0.3	0.4	0.5	0.6	0.8
	1	1.25	1.5	2	2.5	3	4	5	6	8
	10	12	16	20	25	32	40	50		
第二系列 (mm)	0.35	0.7	0.9	1.75	2.25	2.75	(3.25)	3.5	(3.75)	4.5	5.5
	(6.5)	7	9	(11)	14	18	22	28	(30)	36	45

注：本表适用于渐开线圆柱齿轮，对斜齿轮是指法面模数；选用模数时，应优先采用第一系列，其次是第二系列，括号内的模数尽量不用。

③分度圆压力角：通常说的压力角指分度圆上的压力角，简称压力角，用 α 表示。国家标准中规定，分度圆上的压力角为标准值，$\alpha=20°$。

齿廓形状是由齿数、模数和压力角三个因素决定的。

5）直齿圆柱齿轮传动

①啮合条件

两齿轮的模数和压力角分别相等。

②中心距

一对标准直齿圆柱齿轮传动，由于分度圆上的齿厚与齿槽宽相等，所以两齿轮的分度圆相切，且做纯滚动，此时两分度圆与其相应的节圆重合，则标准中心距见式（1-8）。

$$a = r_1 + r_2 = \frac{m(z_1 + z_2)}{2} \tag{1-8}$$

式中 a——标准中心距；

r_1、r_2——齿轮的半径；

m——齿轮的模数；

z_1、z_2——齿轮的齿数。

6）齿轮传动的失效形式

齿轮传动过程中，如果轮齿发生折断，齿面损坏等现象，则轮齿就失去了正常的工作能力，称为失效。失效的原因及避免措施见表1-6。

齿轮失效的原因及避免措施　　　　　表1-6

比较项目	失效形式	轮齿折断	齿面点蚀	齿面胶合	齿面磨损	齿面塑性变形
引起原因		短时意外的严重过载；超过弯曲疲劳极限	很小的面接触、循环变化就会使齿面表层产生细微的疲劳裂纹、微粒剥落而形成麻点	高速重载、啮合区温度升高引起润滑失效，齿面金属直接接触并相互粘连，较软的齿面被撕下而形成沟纹	接触表面间有较大的相对滑动，产生滑动摩擦	低速重载、齿面压力过大

续表

比较项目\失效形式	轮齿折断	齿面点蚀	齿面胶合	齿面磨损	齿面塑性变形
部位	齿根部分	靠近节线的齿根表面	轮齿接触表面	轮齿接触表面	轮齿
避免措施	选择适当的模数和齿宽，采用合适的材料及热处理方法，降低表面粗糙度，降低齿根弯曲应力	提高齿面硬度	提高齿面硬度，降低表面粗糙度，采用黏度大和抗胶合性能好的润滑油	提高齿面硬度，降低表面粗糙度，改善润滑条件，加大模数，尽可能用闭式齿轮传动结构代替开式齿轮传动结构	减小载荷，减少启动频率

常见的轮齿失效形式有：轮齿折断、齿面点蚀、齿面胶合、齿面磨损和齿面塑性变形等。如图 1-24 所示，为常见的轮齿失效形式。

7）斜齿圆柱齿轮

①斜齿圆柱齿轮齿面的形成

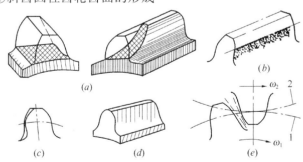

图 1-24 常见的轮齿失效形式

（a）轮齿折断；（b）齿面点蚀；（c）齿面胶合；
（d）齿面磨损；（e）齿面塑性变形

斜齿圆柱齿轮是齿线为螺旋线的圆柱齿轮。斜齿圆柱齿轮的齿面制成渐开螺旋面。渐开螺旋面的形成，是一平面（发生面）沿着一个固定的圆柱面（基圆柱面）作纯滚动时，此平面上的一条以恒定角度与基圆柱的轴线倾斜交错的直线在空间内的轨迹曲面，如图1-25所示。

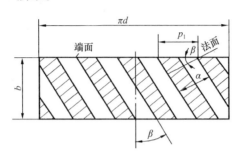

图1-25　斜齿轮展开图

当其恒定角度$\beta=0$时，则为直齿圆柱渐开螺旋面齿轮（简称直齿圆柱齿轮），当$\beta\neq0$时，则为斜齿圆柱渐开螺旋面齿轮，简称斜齿圆柱齿轮。

②斜齿圆柱齿轮传动的特点

斜齿圆柱齿轮传动和直齿圆柱齿轮传动一样，仅限于传递两平行轴之间的运动；齿轮承载能力强，传动平稳，可以得到更加紧凑的结构；但在运转时会产生轴向推力。

8）齿条传动

齿条传动主要用于把齿轮的旋转运动变为齿条的直线往复运动，或把齿条的直线往复运动变为齿轮的旋转运动。

①齿条传动的形式

如图1-26所示，在两标准渐开线齿轮传动中，当其中一个齿轮的齿数无限增加时，分

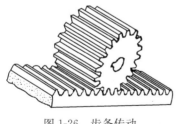

图1-26　齿条传动

度圆变为直线,称为基准线。此时齿顶圆、齿根圆和基圆也同时变为与基准线平行的直线,并分别叫齿顶线、齿根线。这时齿轮中心移到无穷远处。同时,基圆半径也增加到无穷大。这种齿数趋于无穷多的齿轮的一部分就是齿条。因此齿条是具有一系列等距离分布齿的平板或直杆。

②齿条传动的特点

由于齿条的齿廓是直线,所以齿廓上各点的法线是平行的。在传动时齿条作直线运动。齿条上各点的速度的大小和方向都一致。齿廓上各点的齿形角都相等,其大小等于齿廓的倾斜角,即齿形角 $\alpha=20°$。

由于齿条上各齿同侧的齿廓是平行的,所以不论在基准线上(中线上)、齿顶线上。还是与基准线平行的其他直线上,齿距都相等,即 $p=\pi m$。

9) 蜗杆传动

蜗杆传动是一种常用的齿轮传动形式,其特点是可以实现大传动比传动,广泛应用于机床、仪器、起重运输机械及建筑机械中。

如图 1-27 所示,蜗杆传动由蜗杆和蜗轮组成,传递两交错轴之间的运动和动力,一般以蜗杆为主动件,蜗轮为从动件。通常,工程中所用的蜗杆是阿基米德蜗杆,它的外形很像一根具有梯形螺纹的螺杆,其轴向截面类似于直线齿廓的齿条。蜗杆有左旋、右旋之分,一般为右旋。蜗杆传动的主要特点是:

①传动比大。蜗杆与蜗轮的

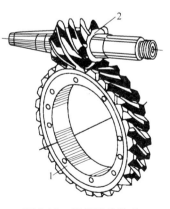

图 1-27 蜗杆蜗轮传动
1—蜗轮;2—蜗杆

运动相当于一对螺旋副的运动,其中蜗杆相当于螺杆,蜗轮相当于螺母。设蜗杆螺纹头数为 z_1,蜗轮齿数为 z_2。在啮合中,若蜗杆螺纹头数 $z_1=1$,则蜗杆回转一周蜗轮只转过一个齿,即转过 $1/z_2$ 转;若蜗杆头数 $z_2=2$,则蜗轮转过 $2/z_2$ 转,由此可得蜗轮杆蜗轮的传动比:

$$i = \frac{n_1}{n_2} = \frac{z_2}{z_1}$$

②蜗杆的头数 z_1 很少,仅为 1～4,而蜗轮齿数 z_2 却可以很多,所以能获得较大的传动比。单级蜗杆传动的传动比一般为 8～60,分度机构的传动比可达 500 以上。

③工作平稳,噪声小。

④具有自锁作用。当蜗杆的螺旋升角 λ 小于 6°时(一般为单头蜗杆),无论在蜗轮上加多大的力都不能使蜗杆转动,而只能由蜗杆带动蜗轮转动。这一性质对某些起重设备很有意义,可利用蜗轮蜗杆的自锁作用使重物吊起后不会自动落下。

⑤传动效率低。一般阿基米德单头蜗杆传动效率为 0.7～0.9。当传动比很大、蜗杆螺旋升角很小时,效率甚至在 0.5 以下。

⑥价格昂贵。蜗杆蜗轮啮合齿面间存在相当大的相对滑动速度,为了减小蜗杆蜗轮之间的摩擦、防止发生胶合,蜗轮一般需采用贵重的有色金属来制造,加工也比较复杂,这就提高了制造成本。

(2)带传动

带传动是由主动轮、从动轮和传动带组成,靠带与带轮之间的摩擦力来传递运动和动力。如图 1-28 所示。

1)带传动的特点

与其他传动形式相比较,带传动具有以下特点:

①由于传动带具有良好的弹性,所以能缓和冲击、吸收振动,传动平稳,无噪声。但因带传动存在滑动现象,所以不能保

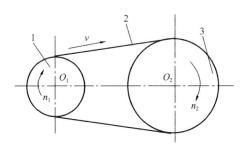

图 1-28 带传动
1—主动带轮；2—传动带；3—从动带轮

证恒定的传动比。

②传动带与带轮是通过摩擦力传递运动和动力的。因此过载时，传动带在轮缘上会打滑，从而可以避免其他零件的损坏，起到安全保护的作用。但传动效率较低，带的使用寿命短；轴、轴承承受的压力较大。

③适宜用在两轴中心距较大的场合，但外廓尺寸较大。

④结构简单，制造、安装、维护方便，成本低。但不适用于高温、有易燃易爆物质的场合。

2）带传动的类型

带传动可分为平型带传动、V 型带传动和同步齿型带传动等，如图 1-29 所示。

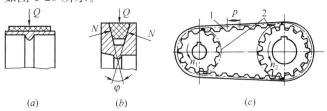

图 1-29 带传动的类型
(a) 平型带传动；(b) V 型带传动；(c) 同步带传动
1—节线；2—节圆

①平型带传动

平型带的横截面为矩形,已标准化。常用的有橡胶帆布带、皮革带、棉布带和化纤带等。

平型带传动主要用于两带轮轴线平行的传动,其中有开口式传动和交叉式传动等。如图 1-30 所示,开口式传动,两带轮转向相同,应用较多;交叉式传动,两带轮转向相反,传动带容易磨损。

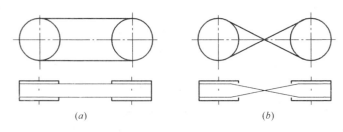

图 1-30 平型带传动
(a) 开口传动;(b) 交叉传动

②V 型带传动

V 型带传动又称三角带传动,较之平型带传动的优点是传动带与带轮之间的摩擦力较大,不易打滑;在电动机额定功率允许的情况下,要增加传递功率只要增加传动带的根数即可。V 型带传动常用的有普通 V 型带传动和窄 V 型带传动两类,常用普通 V 型带传动。

对 V 型带轮的基本要求是:重量轻,质量分布均匀,有足够的强度,安装时对中性良好,无铸造与焊接所引起的内应力。带轮的工作表面应经过加工,使之表面光滑以减少胶带的磨损。

带轮常用铸铁、钢、铝合金或工程塑料等制成。带轮由轮缘、轮毂和轮辐三部分组成,如图 1-31 所示。轮缘上有带槽,它是与 V 型带直接接触的部分,槽数与槽的尺寸应与所选 V 型带的根数和型号相对应。轮毂是带轮与轴配合的部分,轮毂孔内一般有键槽，以便用键将带轮和轴连接在一起。轮辐是连接轮缘与轮毂的部分，其形式根据带轮直径大小选择。当带轮直径很小时，只能做成实心式，如图1-31（a）所示；中等直径的带轮做成腹板式，如图1-31（b）所示；直径大于300mm的带轮常采用轮辐式，如图1-31（c）所示。

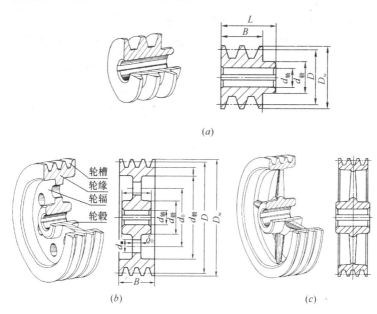

图1-31 带轮
（a）实心式；（b）腹板式；（c）轮辐式

V型带传动的安装、使用和维护是否得当，会直接影响传动带的正常工作和使用寿命。在安装带轮时，要保证两轮中心线平行，其端面与轴的中心线垂直，主、从动轮的轮槽必须在同一平面内，带轮安装在轴上不得晃动。

选用V型带时，型号和计算长度不能搞错。若V型带型号大于轮槽型号，会使V型带高出轮槽，使接触面减小，降低传动能力；若小于轮槽型号，将使V型带底面与轮槽底面接触，

37

从而失去 V 型带传动摩擦力大的优点。

安装 V 型带时应有合适的张紧力，在中等中心距的情况下，用大拇指按下 1.5cm 即可；同一组 V 型带的实际长短相差不宜过大，否则易造成受力不均匀现象，以致降低整个机构的工作能力。V 型带在使用一段时间后，由于长期受拉力作用会产生永久变形，使长度增加而造成 V 型带松弛，甚至不能正常工作。

为了使 V 型带保持一定的张紧程度和便于安装，常把两带轮的中心距做成可调整的（图 1-32），或者采用张紧装置（图 1-33）。没有张紧装置时，可将 V 型带预加张紧力增大到 1.5 倍，当胶带工作一段时间后，由于总长度有所增加，张紧力就合适了。

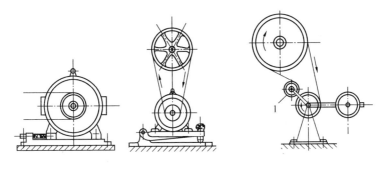

图 1-32　调整中心距的方法　　　　图 1-33　应用张紧轮的方法
　　　　　　　　　　　　　　　　　　1—张紧轮

V 型带经过一段时间使用后，如发现不能使用时要及时更换，且不允许新旧带混合使用，以免造成载荷分布不均。更换下来的 V 型带如果其中有的仍能继续使用，可在使用寿命相近的 V 型带中挑选长度相等的进行组合。

③同步齿型带传动

同步齿型带传动是一种啮合传动，依靠带内周的等距横向齿与带轮相应齿槽间的啮合来传递运动和动力，如图 1-34 所示。

同步齿型带传动工作时带与带轮之间无相对滑动，能保证准确的传动比。传动效率可达0.98；传动比较大，可达12～20；允许带速可高至50m/s。但同步齿型带传动

图1-34 同步齿型带传动

的制造要求较高，安装时对中心距有严格要求，价格较贵。同步齿型带传动主要用于要求传动比准确的中、小功率传动中。

3）带传动的维护

为了延长使用寿命，保证正常运转，须正确使用与维护。带传动在安装时，必须使两带轮轴线平行，轮槽对正，否则会加剧磨损。安装时应缩小轴距后套上，然后调整。严防与矿物油、酸、碱等腐蚀性介质接触，也不宜在阳光下曝晒。如有油污可用温水或1.5%的稀碱溶液洗净。

（3）链传动

链传动是由主动链轮、链条和从动链轮组成，如图1-35所示。链轮具有特定的齿形，链条套装在主动链轮和从动链轮上。工作时，通过链条的链节与链轮轮齿的啮合来传递运动和动力。链传动具有下列特点：

1）链传动结构较带传动紧凑，过载能力大；

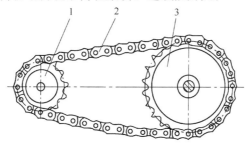

图1-35 链传动

1—主动链轮；2—链条；3—从动链轮

2）链传动有准确的平均传动比，无滑动现象，但传动平稳性差，工作时有噪声；

3）作用在轴和轴承上的载荷较小；

4）可在温度较高、灰尘较多、湿度较大的不良环境下工作；

5）低速时能传递较大的载荷；

6）制造成本较高。

1.3.3 轴系零部件

（1）轴

轴是组成机器中最基本的和主要的零件，一切作旋转运动的传动零件，都必须安装在轴上才能实现旋转和传递动力。

1）常用轴的种类

按照轴的轴线形状不同，可以把轴分为曲轴如图 1-36（a）和直轴如图 1-36（b）、（c）两大类。曲轴可以将旋转运动改变为往复直线运动或者作相反的运动转换。直轴应用最为广泛，直轴按照其外形不同，可分为光轴［图 1-36（b）］和阶梯轴［图 1-36（c）］两种。

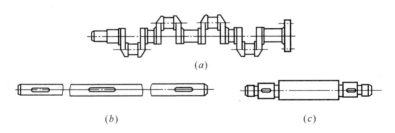

图 1-36　轴
（a）曲轴；（b）光轴；（c）阶梯轴

按照轴所受载荷的不同，可将轴分为心轴、转轴和传动轴三类。

①心轴：通常指只承受弯矩而不承受转矩的轴。如自行车前轴。

②转轴：既受弯矩又受转矩的轴。转轴在各种机器中最为常见。

③传动轴：只受转矩不受弯矩或受很小弯矩的轴。车床上的光轴、连接汽车发动机输出轴和后桥的轴，均是传动轴。

2）轴的结构

轴主要由轴颈、轴头、轴身和轴肩、轴环构成，如图1-37所示。

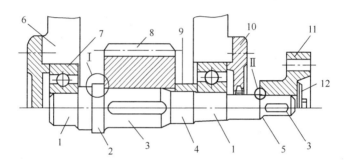

图1-37 轴的结构

1—轴颈；2—轴环；3—轴头；4—轴身；5—轴肩；6—轴承座；7—滚动轴承；8—齿轮；9—套筒；10—轴承盖；11—联轴器；12—轴端挡阻

(2) 轴上零件的固定

轴上零件的固定可分为周向固定和轴向固定。

1）周向固定

不允许轴与零件发生相对转动的固定，称为周向固定。常用的固定方法有楔键连接、平键连接、花键连接和过盈配合连接等。

①楔键连接

楔键如图1-38（a）所示，沿键长一面制成1∶100斜度，在

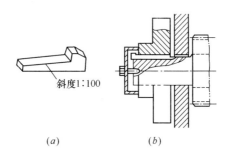

图 1-38 楔键连接

(a) 楔键；(b) 楔键连接

轴上平行于轴线开平底键槽，轮毂上制成 1∶100 斜度的键槽，装配时沿轴向将楔键打入键槽，依靠键的上下两面与键槽挤紧产生的摩擦力，将轴与轮毂连接在一起。键的两侧面与键槽之间留有间隙。

楔键连接方法简单，即使轴与轮毂之间有较大的间隙也能靠楔紧作用将轴与轮毂连成一体，但由于打入了楔键从而破坏了轴与轮毂的对中性，同时在有振动的场合下易松脱，所以楔键不适用于高速、精密的机械，只适用于低速轴上零件的连接。为防止键的钩头外伸，应加防护罩，如图 1-38 (b) 所示，以免发生事故。

② 平键连接

平键是一个截面为矩形的长六面体，键的两个侧面与键槽紧密配合，顶面与轮毂键槽间留有间隙，主要靠两侧面来传递扭矩，其连接方法见图 1-39 (a)。平键制造简单、装拆方便，有较好的对中性，故应用普遍。当零件需沿轴向移动时，可用导向键（滑键）连接，如图 1-39 (b) 所示，导向键用螺钉固定在轴上，零件可以沿其两侧面顺轴向移动。

③ 花键连接

花键连接由花键轴与花键槽构成（图 1-40），常用传递大扭

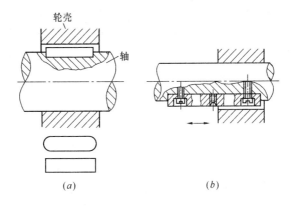

图 1-39 平键连接

(a) 平键；(b) 导向键

矩、要求有良好的导向性和对中性的场合。花键的齿形有矩形、三角形及渐开线齿形三种，矩形键加工方便，应用较广。

④过盈配合连接

过盈配合连接的特点是轴的实际尺寸比孔的实际尺寸大，安装时利用打入、压入、热套等方法将轮毂装在轴上，通常用于有振动、冲击和不需经常装拆的场合。

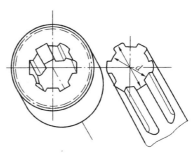

图 1-40 花键连接

2）轴向固定

不允许轴与零件发生相对的轴向移动的固定，称为轴向固定。常用的固定方法有轴肩、螺母、定位套筒和弹性挡圈等。

①轴肩，用于单方向的轴向固定。

②螺母，轴端或轴向力较大时可用螺母固定。为防止螺母松动，可采用双螺母或带翅垫圈。

③定位套筒，一般用于两个零件间距离较小的场合。

④弹性挡圈（卡环），当轴向力较小时，可采用弹性挡圈进

行轴向定位,具有结构简单、紧凑等特点。

(3) 轴承

轴承是用于支承轴颈的部件,它能保证轴的旋转精度,减小转动时轴与支承间的摩擦和磨损。根据轴承摩擦性质的不同,轴承可分为滑动轴承和滚动轴承两类。

1) 滑动轴承

滑动轴承一般由轴承座、轴承盖、轴瓦和润滑装置等组成,如图1-41所示。

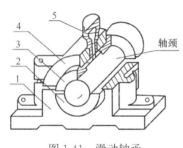

图1-41 滑动轴承
1—轴承座;2、3—轴瓦;4—轴承盖;
5—润滑装置

滑动轴承与轴之间的摩擦为滑动摩擦,其工作可靠、平稳且无噪声,润滑油具有吸振能力,故能受较大的冲击载荷,能用于高速运转,如能保持良好的润滑可以提高机器的传动效率。根据轴承的润滑状态,滑动轴承可分为非液体摩擦滑动轴承(动压轴承)和液体摩擦滑动轴承(静压轴承)两大类;按照所受载荷方向不同,可分为向心滑动轴承、推力滑动轴承和向心推力滑动轴承。

非液体摩擦滑动轴承是在轴颈和轴瓦表面,由于润滑油的吸附作用而形成一层极薄的油膜,它使轴颈与轴瓦表面有一部分接触,另一部分被油膜隔开。一般常见的滑动轴承大都属于这一种。液体摩擦滑动轴承的油膜较厚,使接触面完全脱离接触,它的摩擦系数约为0.001~0.008。这是一种比较理想的摩擦状态。由于这种轴承的摩擦状态要求较高,不易实现,因此只有在很重要的设备中才采用。

轴瓦是滑动轴承和轴接触的部分,是滑动轴承的关键元件。一般用青铜、减摩合金等耐磨材料制成,滑动轴承工作时,轴瓦与转轴之间要求有一层很薄的油膜起润滑作用。如果由于润滑不良，轴瓦与转轴之间就存在直接的摩擦，摩擦会产生很高的温度，虽然轴瓦是由于特殊的耐高温合金材料制成，但发生直接摩擦产生的高温仍然足以将其烧坏。轴瓦还可能由于负荷过大、温度过高、润滑油存在杂质或黏度异常等因素造成烧瓦。轴瓦分为整体式、剖分式和分块式三种，如图 1-42 所示。

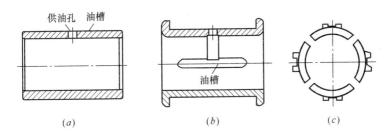

图 1-42　轴瓦的结构
(a) 整体式轴瓦；(b) 剖分式轴瓦；(c) 分块式轴瓦

为了使润滑油能流到轴承整个工作表面上，轴瓦的内表面需开出油孔和油槽，油孔和油槽不能开在承受载荷的区域内，否则会降低油膜承载能力。油槽的长度一般取轴瓦宽度的 80%。

2）滚动轴承

滚动轴承由内圈、外圈、滚动体和保持架组成，如图 1-43 所示。一般内圈装在轴颈上，与轴一起转动，外圈装在机器的轴承座孔内固定不动。内外圈上设置有滚道，当内外圈相对旋转时，滚动体沿着滚道滚动。按照滚动体的形状不同，滚动轴承可分为滚珠轴承和滚柱轴承；若按轴承载荷的类型不同可分为向心轴承和推力轴承两大类。

滚动轴承有以下特点：

①由于滚动摩擦代替滑动摩擦，摩擦阻力小、启动快，效率高；

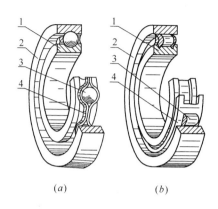

图1-43 滚动轴承构造
(a)滚珠轴承;(b)滚柱轴承
1—内圈;2—外圈;3—滚动体;4—保持架

②对于同一尺寸的轴颈滚动轴承的宽度小,可使机器轴向尺寸小,结构紧凑;

③运转精度高,径向游隙比较小并可用预紧完全消除;

④冷却、润滑装置结构简单、维护保养方便;

⑤不需要用有色金属,对轴的材料和热处理要求不高;

⑥滚动轴承为标准化产品,统一设计、制造、大批量生产、成本低;

⑦点、线接触,缓冲、吸振性能较差,承载能力低,寿命低,易点蚀。

在安装滚动轴承时,应当注意以下事项:

①必须确保安装表面和安装环境的清洁,不得有铁屑、毛刺、灰尘等异物进入;

②用清洁的汽油或煤油仔细清洗轴承表面,除去防锈油,再涂上干净优质润滑油脂方可安装,全封闭轴承不须清洗加油;

③选择合适的润滑剂,润滑剂不得混用;

④轴承充填润滑剂的数量以充满轴承内部空间1/3~1/2为

宜，高速运转时应减少到 1/3；

⑤安装时切勿直接锤击轴承端面和非受力面，应以压块、套筒或其他安装工具使轴承均匀受力，切勿通过滚动体传动力安装。

（4）联轴器

用来连接不同机构中的两根轴（主动轴和从动轴）使之共同旋转以传递扭矩的机械零件。在高速重载的动力传动中，有些联轴器还有缓冲、减振和提高轴系动态性能的作用。联轴器由两半部分组成，分别与主动轴和从动轴连接。一般动力机大都借助于联轴器与工作机相连接。常用的联轴器可分为刚性联轴器、弹性联轴器和安全联轴器三类。

1）刚性联轴器

刚性联轴器是通过若干刚性零件将两轴连接在一起，可分为固定式和可移式两类。这类联轴器结构简单、成本较低，但对中性要求高，一般用于平稳载荷或只有轻微冲击的场合。

如图 1-44 所示，凸缘式联轴器是一种常见的刚性固定式联轴器。凸缘联轴器由两个带凸缘的半联轴器用键分别和两轴连在一起，再用螺栓把两半联轴器连成一体。凸缘联轴器有两种对中方法：一种是用半联轴器结合端面上的凸台与凹槽相嵌合来对中，如图 1-44

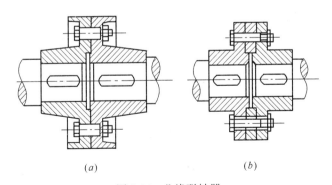

图 1-44 凸缘联轴器
(a) 凹槽配合；(b) 部分环配合

(a) 所示；另一种是用部分环配合对中，如图1-44 (b) 所示。

如图1-45所示，滑块联轴器是一种常见的刚性移动式联轴器。它由两个带径向凹槽的半联轴器和一个两面具有相互垂直的

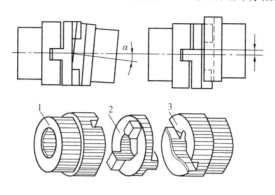

图1-45 滑块联轴器

1—半联轴器；2—滑块；3—半联轴器

凸榫的中间滑块所组成，滑块上的凸榫分别和两个半联轴器的凹槽相嵌合，构成移动副，故可补偿两轴间的偏移。为减少磨损、提高寿命和效率，在榫槽间需定期施加润滑剂。当转速较高时，由于中间滑块的偏心将会产生较大的离心惯性力，给轴和轴承带来附加载荷，所以只适用于低速、冲击小的场合。

2）弹性联轴器

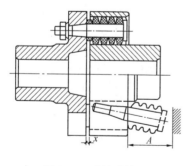

图1-46 弹性联轴器

弹性联轴器种类繁多，它具有缓冲吸振，可补偿较大的轴向位移，微量的径向位移和角位移的特点，用在正反向变化多、启动频繁的高速轴上。如图1-46所示，是一种常见的弹性联轴器，它由两个半联轴器、柱销和胶圈组成。

3）安全联轴器

安全联轴器有一个只能承受限定载荷的保险环节，当实际载荷超过限定的载荷时，保险环节就发生变化，截断运动和动力的传递，从而保护机器的其余部分不致损坏。

1.3.4　螺栓连接和销连接

(1) 螺栓连接

螺栓是由头部和螺杆（带有外螺纹的圆柱体）两部分组成的一类紧固件，需与螺母配合，用于紧固连接两个带有通孔的零件。这种连接形式称为螺栓连接，属于可拆卸连接。

按连接的受力方式，可分为普通螺栓和铰制孔用螺栓。铰制孔用螺栓要和孔的尺寸配合，主要用于承受横向力。按头部形状，可分为六角头、圆头、方形头和沉头螺栓等，其中六角头螺栓是最常用的一种。按照螺栓性能等级，分为高强度螺栓和普通螺栓。

(2) 销连接

销连接用来固定零件间的相互位置，也可用于轴和轮毂或其他零件的连接以传递较小的载荷，有时还用作安全装置中的过载剪切元件。

销主要用来固定零件之间的相对位置，起定位作用，也可用于轴与轮毂的连接，传递不大的载荷，还可作为安全装置中的过载剪断元件。圆柱销和圆锥销两种。

1）销的分类

销是标准件，其基本形式有圆柱销和圆锥销两种。

圆柱销连接不宜经常装拆，否则会降低定位精度或连接的紧固性。如图 1-47 所示。

圆锥销有 1：50 的锥度，小头直径为标准值。圆锥销易于安装，定位精度高于圆柱销。如图 1-48 所示。

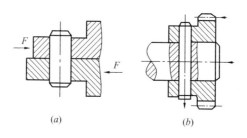

图 1-47 圆柱销

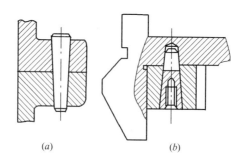

图 1-48 圆锥销

圆柱销和圆锥销孔均需铰制。铰制的圆柱销孔直径有四种不同配合精度，可根据使用要求选择。

2）销的选择。用于连接的销，可根据连接的结构特点按经验确定直径，必要时再作强度校核；定位销一般不受载荷或受很小载荷，其直径按结构确定，数目不得少于两个；安全销直径按销的剪切强度进行计算。销的材料一般采用 35 号或 45 号钢。

1.4 钢结构基础知识

1.4.1 钢结构的特点

钢结构是由钢板、热轧型钢、薄壁型钢和钢管等构件通过焊接、铆接和螺栓、销轴等形式连接而成的能承受和传递荷载的结构形式,是建筑起重机械的重要组成部分。钢结构与其他结构相比,具有以下特点:

(1) 坚固耐用、安全可靠。钢结构具有足够的承载力、刚度和稳定性以及良好的机械性能。

(2) 自重小、结构轻巧。钢结构具有体积小、厚度薄、重量轻的特点,便于运输和装拆。

(3) 材质均匀。钢材内部组织比较均匀,力学性能接近各向同性,计算结果比较可靠。

(4) 韧性较好,适应在动力载荷下工作。

(5) 易加工。钢结构所用材料以型钢和钢板为主,加工制作简便,准确度和精密度都较高。

但钢结构与其他结构相比,也存在抗腐蚀性能和耐火性能较差,以及在低温条件下易发生脆性断裂等缺点。

1.4.2 钢结构的材料

(1) 钢结构所使用的钢材应当具有较高的强度,塑性、韧性和耐久性好,焊接性能优良、易于加工制造,抗锈性好等。

(2) 钢结构所采用的材料一般为Q235钢、Q345钢。

普通碳素钢Q235系列钢,强度、塑性、韧性及可焊性都比较好,是建筑起重机械使用的主要钢材。

低合金钢Q345系列钢,是在普通碳素钢中加入少量的合金元素炼成的。其力学性能好,强度高,对低温的敏感性不高,耐腐蚀性能较强,焊接性能也好,用于受力较大的结构中可节省钢材,减轻结构自重。

(3) 钢材的规格:型钢和钢板是制造钢结构的主要钢材。钢材有热轧成型及冷轧成型两类。热轧成型的钢材主要有型钢及钢板，冷轧成型的有薄壁型钢及钢管。

按照国家标准规定，型钢和钢板均具有相关的断面形状和尺寸。

1）热轧钢板

厚钢板，厚度 4.5～60mm，宽度 600～3000mm，长 4～12m；

薄钢板，厚度 0.35～4.0mm，宽度 500～1500mm，长 1～6m；

扁钢，厚度 4.0～60mm，宽度 12～200mm，长 3～9m；

花纹钢板，厚度 2.5～8mm，宽度 600～1800mm，长 4～12m。

2）角钢

分等肢与不等肢两种。角钢是以其肢宽（cm）来编号的，例如 10 号角钢的两个肢宽均为 100mm；10/8 号角钢的肢宽分别为 100mm 和 80mm。同一号码的角钢厚度可以不同，我国生产的角钢的长度一般为 4～19m。

3）槽钢

分普通槽钢和普通低合金轻型槽钢。其型号是以截面高度（cm）来表示的。例如 20 号槽钢的断面高度均为 20cm。我国生产的槽钢一般长度为 5～19m，最大型号为 40 号。

4）工字钢

分普通工字钢和普通低合金工字钢。因其腹板厚度不同，可分为 a、b、c 三类，型号也是用截面高度（cm）来表示的。我国生产的工字钢长度一般为 5～19m，最大型号 63 号。

5）钢管

规格以外径表示，我国生产的无缝钢管外径约 38～325mm，壁厚 4～40mm，长度 4～12.5m。

6）H 型钢

H 型钢规格以高度（mm）×宽度（mm）表示，目前生产的 H 型钢规格 100mm×100mm 至 800mm×300mm 或宽翼 427mm×400mm，厚度（指主筋壁厚）6～20mm，长度 6～18m。

7) 冷弯薄壁型钢

冷弯薄壁型钢是用冷轧钢板、钢带或其他轻合金材料在常温下经模压或弯制冷加工而成的。用冷弯薄壁型钢制成的钢结构，重量轻，省材料，截面尺寸又可以自行设计，目前在轻型的建筑结构中已得到应用。

（4）钢材的特性

1) 在单向应力下钢材的塑性

钢材的主要强度指标和多项性能指标是通过单向拉伸试验获得的。试验一般是在标准条件下进行的，即采用符合国家标准规定形式和尺寸的标准试件，在室温 20℃左右，按规定的加载速度在拉力试验机上进行。

如图 1-49 所示，为低碳钢的一次拉伸应力-应变曲线。钢材具有明显的弹性阶段、弹塑性阶段、塑性阶段及应变硬化阶段。

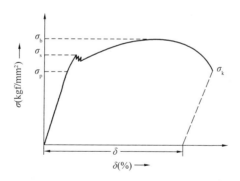

图 1-49　低碳钢的一次拉伸应力-应变曲线

在弹性阶段，钢材的应力与应变成正比，服从虎克定律。这时变形属弹性变形。当应力释放后，钢材能够恢复原状。弹性阶段是钢材工作的主要阶段。

在弹塑性阶段、塑性阶段，应力不再上升而变形发展很快。当应力释放之后，将遗留不能恢复的变形。这种变形属弹塑性、塑性变形。这种过大的永久变形虽不是结构的真正破坏，但却使它丧失正常工作能力。因此，在建筑机械的结构计算中，把屈服点 σ_s 近似地看成钢材由弹性变形转入塑性变形的转折点，并叫做钢结构容许达到的极限应力。对于受拉杆件，只允许在 σ_s 以下的范围内工作。

在应变硬化阶段，当继续加载时，钢材的强度又有显著提高，塑性变形也显著增大（应力与应变已不服从虎克定律），随后将会发生破坏，钢材真正破坏时的强度为抗拉强度 σ_b。

由此可见，从屈服点到破坏，钢材仍有着较大的强度储备，从而增加了结构的可靠性。

钢材在发展到很大的塑性变形之后才出现的破坏，称为塑性破坏。结构在简单的拉伸、弯曲、剪切和扭转的情况下工作时，通常是先发展塑性变形，而后才导致破坏。由于钢材达到塑性破坏时的变形比弹性变形大得多。因此，在一般情况下钢结构产生塑性破坏的可能性不大。即便出现这种情形，事前也易被察觉，能对结构及时采取补强工作。

2）钢材的脆性

脆性破坏的特征是在破坏之前钢材的塑性变形很不明显，有时甚至是在应力小于屈服点的情况下突然发生，这种破坏形式对结构的危害比较大。影响钢材脆断的因素是多方面的：

①低温的影响

当温度到达某一低温后，钢材就处于脆性状态，冲击韧性很不稳定。钢种不同，冷脆温度也不同。

②应力集中的影响

如钢材存在缺陷（气孔、裂纹、夹杂等），或者结构具有孔洞、开槽、凹角、厚度变化以及制造过程中带来的损伤，都会导致材料截面中的应力不再保持均匀分布，在这些缺陷、孔槽或损伤处，将产生局部的高峰应力，形成应力集中。

③加工硬化（残余应力）的影响

钢材经过了弯曲、冷压、冲孔和剪裁等加工之后，会产生局部或整体硬化，降低塑性和韧性，加速时效变脆，这种现象称加工硬化（或冷作硬化）。

热轧型钢在冷却过程中，在截面突变处如尖角、边缘及薄细部位，率先冷却，其他部位渐次冷却，先冷却部位约束阻止后冷却部位的自由收缩，产生复杂的热轧残余应力分布。不同形状和尺寸规格的型钢残余应力分布不同。

④焊接的影响

钢结构的脆性破坏，在焊接结构中常常发生。焊接引起钢材变脆的原因是多方面的，其中主要是焊接温度的影响。由于焊接时焊缝附近的温度很高，在热影响区域，经过高温和冷却的过程，使钢材的组织构造和机械性能起了变化，促使钢材脆化。钢材经过气割或焊接后，由于不均匀的加热和冷却，将引起残余应力。残余应力是自相平衡的应力，退火处理后可部分乃至全部消除。

3）钢材的疲劳性

钢材在连续反复荷载作用下，虽然应力还低于抗拉强度甚至屈服点，也会发生破坏，这种破坏属疲劳破坏。

疲劳破坏属于一种脆性破坏。疲劳破坏时所能达到的最大应力，将随荷载重复次数的增加而降低。钢材的疲劳强度通过疲劳试验来确定，各类起重机都有其规定的荷载疲劳循环次数尚不破坏的应力值为其疲劳强度。

影响钢材疲劳强度的因素相当复杂，它与钢材种类、应力大小变化幅度、结构的连接和构造情况等有关。建筑机械的钢结构多承受动力荷载，对于重级以及个别中级工作类型的机械，须考虑疲劳的影响，并作疲劳强度的计算。

1.4.3 化学成分对钢材性能的影响

钢是以铁和碳为主要成分的合金，碳及其他元素虽然所占的比重不大，但对钢材性能却有重要的影响。

(1) 碳 (C)

碳是各种钢中的重要元素之一，在碳素结构钢中则是除铁以外的最主要元素。碳是形成钢材强度的主要成分，随着含碳量的提高，钢的强度逐渐增高，而塑性和韧性下降、冷弯性能、焊接性能和抗锈蚀性能等也变差。按碳的含量区分，小于0.25%的为低碳钢，大于0.25%而小于0.6%的为中碳钢，大于0.6%的为高碳钢。钢结构的用钢含碳量一般不大于0.22%，对于焊接结构，为了获得良好的可焊性，以不大于0.2%为好。所以，建筑钢结构用的钢材基本上都是低碳钢。

(2) 硫 (S)

硫是有害元素，属于杂质，能产生易于熔化的硫化铁，当热加工及焊接温度达到800~1000℃时，硫化铁会熔化使钢材变脆，可能出现裂纹，这种现象称为钢材的"热脆"。此外，硫还会降低钢的冲击韧性、疲劳强度、抗锈蚀性能和焊接性能等。

(3) 磷 (P)

磷可以提高钢的强度和抗锈蚀性，但却严重地降低了钢的塑性、韧性、冷弯性能和焊接性能，特别是在温度较低时促使钢材变脆。

(4) 锰 (Mn)

锰能显著提高钢材的强度，同时又不过多地降低塑性和冲击韧性。锰有脱氧作用，是弱脱氧剂，可以消除硫对钢的热脆影响,改善钢的冷脆倾向。但是锰可以使钢材的可焊性降低。

(5) 硅(Si)

硅具有更强的脱氧作用,是强氧化剂,常与锰共同除氧。适量的硅可以细化晶粒,提高钢的强度,而对塑性、韧性、冷弯性能和焊接性能却没有显著的不良影响。

(6) 钒(V)、铌(Nb)、钛(Ti)

钒、铌、钛等元素在钢中形成微细碳化物,适量加入能起细化晶粒和弥散强化的作用,从而提高钢材的强度和韧性,又可保持良好的塑性。我国的低合金钢中都含有这三种元素,作为锰以外的合金。

(7) 铝(Al)、铬(Cr)、镍(Ni)

铝是强氧化剂,用铝进行补充脱氧,不仅能进一步减少钢中的有害氧化物而且能细化晶粒,提高钢的强度和低温韧性。铬和镍是提高钢材强度的合金元素,用于 Q390 及以上牌号的钢材中,但其含量也应受到限制,以免影响钢材的其他性能。

(8) 氧(O)、氮(N)

氧能使钢热脆,其作用比硫剧烈,氮能使钢冷脆,与磷相似,故其含量必须严格控制。

1.4.4 钢结构的连接

钢结构通常是由多个杆件以一定的方式相互连接而组成的。常用的连接方法有焊接连接、螺栓连接与铆接连接等。

(1) 焊接连接

焊接连接广泛应用于不可拆卸连接。其构造简单,加工简便,省工省料,适用范围广,易于实行自动化作业,是建筑机械钢结构中最主要且最普遍的连接方法。焊接连接的主要缺点是易引起结构的残余变形与内应力,质量检验较复杂,对钢材的质量要求也较高。

钢结构采用的焊接方式主要有自动焊、半自动焊及手工电弧焊。自动焊的生产效率高,主要适用专业化的工厂生产制作,在有一定条件的施工现场也可以生产。自动焊主要的焊接形式为埋弧焊、气体保护焊等。手工电弧焊作业操作灵活,适用于在施工现场实地制作生产。

钢结构钢材之间的焊接形式主要有正接填角焊缝、搭接填角焊缝、对接焊缝、边缘焊缝及塞焊缝等,如图1-50所示。

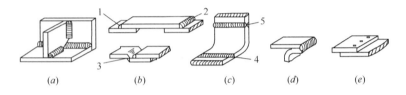

图1-50 钢结构的焊接形式

(a) 正接填角焊缝;(b) 搭接填角焊缝;(c) 对接焊缝;
(d) 边缘焊缝;(e) 塞焊缝
1—双面式;2—单面式;3—插头式;
4—单面对接;5—双面对接

(2) 螺栓连接

螺栓连接广泛应用于可拆卸连接。螺栓连接分普通螺栓连接与高强度螺栓连接。

1) 普通螺栓连接

普通螺栓连接分为精制螺栓(A级与B级)和粗制螺栓(C级)连接。

普通螺栓材质一般采用Q235钢。普通螺栓的强度等级为3.6~6.8级,直径为3~64mm。

2) 高强度螺栓连接

高强度螺栓是钢结构连接的重要零件。高强度螺栓连接副应符合《紧固件机械性能螺栓、螺钉和螺柱》(GB/T 3098.1—2000)和《紧固件机械性螺母 粗牙螺纹》(GB/T 3098.2—2000)的规定,并应有性能等级符合标识及合格证书。

①高强度螺栓的等级和分类

高强度螺栓按强度可分为 8.8、9.8、10.9 和 12.9 四个等级,直径一般为 12~42mm,按受力状态可分为抗剪螺栓和抗拉螺栓。

②高强度螺栓的预紧力

高强度螺栓的预紧力矩是保证螺栓连接质量的重要指标,它综合体现了螺栓、螺母和垫圈组合的安装质量。在进行钢结构安装时必须按规定的预紧力矩数值拧紧。常用的高强度螺栓预紧力和预紧扭矩见表 1-7。

③高强度螺栓的使用

(a) 使用前,应对高强度螺栓进行全面检查,核对其规格、等级标志,检查螺栓、螺母及垫圈有无损坏,其连接表面应清除灰尘、油漆、油迹和锈蚀。

(b) 螺栓、螺母、垫圈配合使用时,高强度螺栓绝不允许采用弹簧垫圈,必须使用平垫圈,塔身高强度螺栓必须采用双螺母防松。

(c) 应使用力矩扳手或专用扳手,按使用说明书要求拧紧。

(d) 高强度螺栓安装穿插方向宜采用自下而上穿插,即螺母在上面。

(e) 高强度螺栓、螺母使用后拆卸再次使用,一般不得超过二次。

(f) 拆下将再次使用的高强度螺栓的螺杆、螺母必须无任何损伤、变形、滑牙、缺牙、锈蚀及螺栓粗糙度变化较大等现象,反之则禁止用于受力构件的连接。

(3) 铆接连接

常用的高强度螺栓预紧力和预紧扭矩

表 1-7

螺栓性能等级		8.8			9.8			10.9		
螺栓材料屈服强度 (N/mm²)		640			720			900		
公称应力截面积 A_s	螺纹最小截面积 A_g	预紧力 F_{sp}	理论预紧扭矩 M_{ap}	实际使用预紧扭矩 $M=0.9M_{sp}$	预紧力 F_{sp}	理论预紧扭矩 M_{ap}	实际使用预紧扭矩 $M=0.9M_{sp}$	预紧力 F_{sp}	理论预紧扭矩 M_{ap}	实际使用预紧扭矩 $M=0.9M_{sp}$
mm²	mm²	N	N·m	N·m	N	N·m	N·m	N	N·m	N·m
螺纹规格 mm										
18	192	175	88000	290	260	99000	325	292	124000	405	365
20	245	225	114000	410	370	128000	462	416	160000	580	520
22	303	282	141000	550	500	158000	620	558	199000	780	700
24	353	324	164000	710	640	184000	800	720	230000	1000	900
27	459	427	215000	1050	950	242000	1180	1060	302000	1500	1350
30	561	519	262000	1450	1300	294000	1620	1460	368000	2000	1800
33	694	647	326000	由实验决定		365000	由实验决定		458000	由实验决定	
36	817	759	328000			430000			538000		
39	976	913	460000			517000			646000		
42	1120	1045	526000			590000			739000		
45	1300	1224	614000			690000			863000		
48	1470	1377	692000			778000			973000		

铆接连接因制造费工费时,用料较多及结构重量较大,现已很少采用。只有在钢材的焊接性能较差时,或在主要承受动力载荷的重型结构中才采用(如:桥梁、吊车梁等)。建筑机械的钢结构一般不用铆接连接。

2 起重吊装

2.1 常用起重器具

2.1.1 钢丝绳

钢丝绳是起重作业中必备的重要部件，广泛用于捆绑物体以及起重机的起升、牵引、缆风等。钢丝绳通常由多根钢丝捻成绳股，再由多股绳股围绕绳芯捻制而成，具有强度高、自重轻、弹性大等特点，能承受振动荷载，能卷绕成盘，能在高速下平稳运动且噪声小。

(1) 钢丝绳分类

按《重要用途钢丝绳》(GB 8918—2006)，钢丝绳分类如下：

1) 按绳和股的断面、股数和股外层钢丝绳的数目分类，见表2-1。

施工现场起重作业一般使用圆股钢丝绳，常见的断面形式如图2-1、图2-2所示。

2) 钢丝绳按捻法，分为右交互捻(ZS)、左交互捻(SZ)、右同向捻(ZZ)和左同向捻(SS)四种，如图2-3所示。

3) 钢丝绳按绳芯不同，分为纤维芯和钢芯。纤维芯钢丝绳比较柔软，易弯曲，纤维芯可浸油作润滑、防锈，减少钢丝间的摩擦；金属芯的钢丝绳耐高温、耐重压、硬度大、不易弯曲。

钢 丝 绳 分 类

表 2-1

组别	类别		分类原则	典型结构		直径范围 (mm)
				钢丝绳	股绳	
1	圆股钢丝绳	6×7	6个圆股，每股外层丝可到7根，中心丝（或无）外捻制1~2层钢丝等捻距	6×7 6×9W	(6+1) (3/3+3)	2~36 14~36
2		6×19 (a)	6个圆股，每股外层丝可到8~12根，中心丝外捻制2~3层钢丝等捻距	6×19S 6×19W 6×25Fi 6×26SW 6×31SW	(9+9+1) (6/6+6+1) (12+6F+6+1) (10+5/5+5+1) (12+6/6+6+1)	6~36 6~41 14~44 13~40 12~46
		6×19 (b)	6个圆股，每股外层丝12根，中心丝外捻制2层钢丝	6×19	(12+6+1)	3~46
3		6×37 (a)	6个圆股，每股外层丝可到14~18根，中心丝外捻制3~4层钢丝等捻距	6×29Fi 6×36SW 6×37S（点线接触） 6×41SW 6×49SWS 6×55SWS	(14+7F+7+1) (14+7/7+7+1) (15+15+6+1) (16+8/8+8+1) (16+8/8+8+1) (18+9/9+9+1)	10~44 12~60 10~60 32~60 36~60 36~64
		6×37 (b)	6个圆股，每股外层丝8根，中心丝外捻制3层钢丝	6×37	(18+12+6+1)	5~66

续表

组别	类别	分类原则	典型结构 钢丝绳	典型结构 股 绳	直径范围(mm)
4	8×19	8个圆股，每股外层丝可到8~12根，中心丝或钢芯外捻制2~3层钢丝等捻距	8×19S 8×19W 8×25Fi 8×26SW 8×31SW	(9+9+1) (6/6+6+1) (12+6F+6+1) (10+5/5+6+1) (12+6/6+6+1)	11~44 10~48 18~52 16~48 14~56
5	8×37	8个圆股，每股外层丝可到14~18根，中心丝或钢芯外捻制3~4层钢丝等捻距	8×36SW 8×41SW 8×49SWS 8×55SWS	(14+7/7+7+1) (16+8/8+8+1) (16+8/8+8+8+1) (16+9/9+9+9+1)	14~60 40~56 44~64 44~4
6	17×7	钢丝绳中有17个或18个圆股，在纤维芯或钢芯外捻制2层股	17×7 18×7 18×19W 18×19S 18×19	(6+1) (6+1) (6/6+6+1) (9+9+1) (12+6+1)	6~44 6~44 14~44 14~44 10~44
7	34×7	钢丝绳中有34个或36个圆股，在纤维芯或钢芯外捻制3层股	34×7 36×7	(6+1) (6+1)	16~44 16~44
8	6×24	6个圆股，每股外层丝12~16根，在纤维芯外捻制2层股	6×24 6×24S 6×24W	(15+9+FC) (12+12+FC) (8/8+8+FC)	8~40 10~44 10~44

圆股钢丝绳

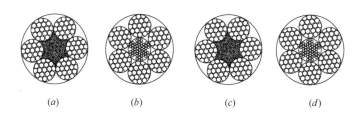

图 2-1 6×19 钢丝绳断面图

(a) 6×19S+FC；(b) 6×19S+IWR；(c) 6×19W+FC；(d) 6×19W+IWR

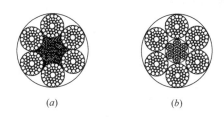

图 2-2 6×37S 钢丝绳断面图

(a) 6×37S+FC；(b) 6×37S+IWR

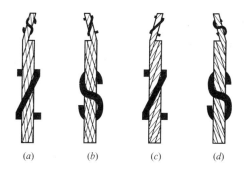

图 2-3 钢丝绳按捻法分类

(a) 右交互捻；(b) 左交互捻；(c) 右同向捻；(d) 左同向捻

(2) 标记

根据国家标准《钢丝绳 术语、标记和分类》（GB/T 8706—2006）标准，钢丝绳的标记格式如图 2-4 所示。

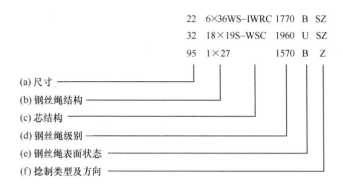

图 2-4 钢丝绳的标记示例

(3) 钢丝绳的选用

钢丝绳的选用应遵循下列原则：

1) 能承受所要求的拉力，保证足够的安全系数；

2) 能保证钢丝绳受力不发生扭转；

3) 耐疲劳，能承受反复弯曲和振动作用；

4) 有较好的耐磨性能；

5) 与使用环境相适应：高温或多层缠绕的场合宜选用金属芯；高温、腐蚀严重的场合宜选用石棉芯；有机芯易燃，不能用于高温场合。

6) 必须有产品检验合格证。

(4) 钢丝绳的存储

1) 运输过程中，应注意不要损坏钢丝绳表面。

2) 绳应储存于干燥而有木地板或沥青、混凝土地面的仓库里，以免腐蚀。在堆放时，成卷的钢丝绳应竖立放置（即卷轴与地面平行），不得平放。

3) 必须在露天存放时，地面上应垫木方，并用防水毡布覆盖。

(5) 钢丝绳的松卷

1) 在整卷钢丝绳中引出一个绳头并拉出一部分重新盘绕成

卷时，松绳的引出方向和重新盘绕成卷的绕行应保持一致，不得随意抽取，以免形成圈套和死结。如图 2-5 所示。

图 2-5　钢丝绳的松卷

2）当由钢丝绳卷直接往起升机构卷筒上缠绕时，应把整卷钢丝绳架在专用的支架上，松卷时的旋转方向应与起升机构卷筒上绕绳的方向一致；卷筒上绳槽的走向应同钢丝绳的捻向相适应。

3）在钢丝绳松卷和重新缠绕过程中，应避免钢丝绳与污泥接触，以防止钢丝绳生锈。

4）钢丝绳严禁与电焊线碰触。

（6）钢丝绳的截断

在截断钢丝绳时，宜使用专用刀具或砂轮锯截断，较粗钢丝绳可用乙炔切割。如图 2-6 所示，截断钢丝绳时，要在截分处进行扎结，扎结绕向必须与钢丝绳股的绕向相反，扎结须紧固，以免钢丝绳在断头处松开。

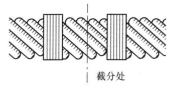

图 2-6　钢丝绳的扎结与截断

缠扎宽度随钢丝绳直径大小而定，直径为 15～24mm，扎结宽度应不小于 25mm；对直径为 25～30mm 的钢丝绳，其缠扎宽度应不小于 40mm；对于直径为 31～44mm 钢丝绳，其扎结宽度不得小于 50mm；直径为 45～51mm 的钢丝绳，扎结长度不得小于 75mm。扎结处与截断口之间的距离应不小于 50mm。

（7）钢丝绳的穿绕

钢丝绳的使用寿命，在很大程度上取决于穿绕方式是否正确，因此，要由训练有素的技工细心地进行穿绕，并应在穿绕时将钢丝绳涂满润滑脂。

穿绕钢丝绳时，必须注意检查钢丝绳的捻向。如俯仰变幅动臂式塔机的臂架拉绳捻向必须与臂架变幅绳的捻向相同。起升钢丝绳的捻向必须与起升卷筒上的钢丝绳绕向相反。

（8）钢丝绳的固定与连接

钢丝绳与其他零构件连接或固定应注意连接或固定方式与使用要求相符，连接或固定部位应达到相应的强度和安全要求。常用的连接和固定方式有以下几种，如图 2-7 所示。

1）编结连接，如图 2-7（a）所示，编结长度不小于钢丝绳直径的 15 倍，且不应小于 300mm；连接强度不小于 75% 钢丝绳破断拉力。

2）楔块、楔套连接，如图 2-7（b）所示，钢丝绳一端绕过楔块，利用楔块在套筒内的锁紧作用使钢丝绳固定。固定处的强

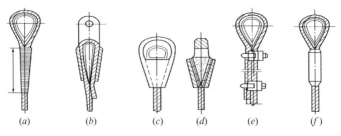

图 2-7 钢丝绳固定与连接

（a）编结连接；（b）楔块、楔套连接；（c）、（d）锥形套浇铸法；
（e）绳夹连接；（f）铝合金套压缩法

度约为绳自身强度的75%~85%。楔套应用钢材制造，连接强度不小于75%钢丝绳破断拉力。

3) 锥形套浇铸法，如图2-7（c）、（d）所示，先将钢丝绳拆散，切去绳芯后插入锥套内，再将钢丝绳末端弯成钩状，然后灌入熔融的铅液，最后经过冷却即成。

4) 绳夹连接，如图2-7（e）所示，绳夹连接简单、可靠，被广泛应用。用绳夹（图2-8）固定时，应注意绳夹数量、绳夹间距、绳夹的方向和固定处的强度；连接强度不小于85%钢丝绳破断拉力；绳夹数量应根据钢丝绳直径满足表2-2的要求；绳卡压板应在钢丝绳长头一边，绳卡间距不应小于钢丝绳直径的6倍。

 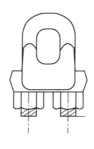 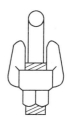

图2-8 钢丝绳夹

钢丝绳夹数量 表2-2

绳夹规格（钢丝绳直径，mm）	≤18	18~26	26~36	36~44	44~60
绳夹最少数量（个）	3	4	5	6	7

5) 铝合金套压缩法，如图2-7（f）所示，钢丝绳末端穿过锥形套筒后松散钢丝，将头部钢丝弯成小钩，浇入金属液凝固而成。其连接应满足相应的工艺要求，固定处的强度与钢丝绳自身的强度大致相同。

（9）钢丝绳的使用和维护

1) 钢丝绳在卷筒上，应按顺序整齐排列。

2）载荷由多根钢丝绳支承时，应设有各根钢丝绳受力的均衡装置。

3）起升机构和变幅机构，不得使用编结接长的钢丝绳。使用其他方法接长钢丝绳时，必须保证接头连接强度不小于钢丝绳破断拉力的90%。

4）起升高度较大的起重机，宜采用不旋转、无松散倾向的钢丝绳。采用其他钢丝绳时，应有防止钢丝绳和吊具旋转的装置或措施。

5）当吊钩处于工作位置最低点时，钢丝绳在卷筒上的缠绕，除固定绳尾的圈数外，必须不少于3圈。

6）应防止损伤、腐蚀或其他物理、化学因素造成的性能降低。

7）钢丝绳开卷时，应防止打结或扭曲；钢丝绳切断时，应有防止绳股散开的措施。

8）安装钢丝绳时，不应在不洁净的地方拖线，也不应缠绕在其他的物体上，应防止划、磨、碾、压和过度弯曲。

9）领取钢丝绳时，必须检查该钢丝绳的合格证，以保证机械性能、规格符合设计要求。

10）对日常使用的钢丝绳每天都应进行检查，包括对端部的固定连接、平衡滑轮处的检查，并作出安全性的判断。

（10）钢丝绳的润滑

钢丝绳应保持良好的润滑状态。所用润滑剂应符合该绳的要求，并且不影响外观检查。润滑时应特别注意不易看到和润滑剂不易渗透到的部位，如平衡滑轮处的钢丝绳。

对钢丝绳定期进行系统润滑，可保证钢丝绳的性能，延长使用寿命。润滑之前，应将钢丝绳表面上积存的污垢和铁锈清除干净，最好是用镀锌钢丝刷将钢丝绳表面刷净。钢丝绳表面越干净，润滑油脂就越容易渗透到钢丝绳内部去，润滑效果就越好。

钢丝绳润滑的方法有刷涂法和浸涂法。刷涂法就是人工使用专用的刷子,把加热的润滑脂涂刷在钢丝绳的表面上。浸涂法就是将润滑脂加热到60℃,然后使钢丝绳通过一组导辊装置被张紧,同时使之缓慢地在容器里的熔融润滑脂中通过。

(11) 钢丝绳的检验检查

由于起重钢丝绳在使用过程中经常、反复受到拉伸、弯曲,当拉伸、弯曲的次数超过一定数值后,会使钢丝绳出现一种叫"金属疲劳"的现象,于是钢丝绳开始很快地损坏。同时当钢丝绳受力伸长时钢丝绳之间产生摩擦,绳与滑轮槽底、绳与起吊件之间的摩擦等,使钢丝绳使用一定时间后就会出现磨损、断丝现象。此外,由于使用、贮存不当,也可能造成钢丝绳的扭结、退火、变形、锈蚀、表面硬化和松捻等。钢丝绳在使用期间,一定要按规定进行定期检查,及早发现问题,及时保养或者更换报废,保证钢丝绳的安全使用。钢丝绳的检查包括外部检查与内部检查两部分。

1) 钢丝绳外部检查

①直径检查:直径是钢丝绳极其重要的参数。通过对直径测量,可以反映该处直径的变化速度、钢丝绳是否受到过较大的冲击载荷、捻制时股绳张力是否均匀一致、绳芯对股绳是否保持了足够的支撑能力。钢丝绳直径应用带有宽钳口的游标卡尺测量。其钳口的宽度要足以跨越两个相邻的股,如图2-9所示。

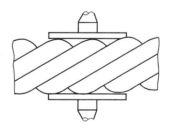

图2-9 钢丝绳直径测量方法

②磨损检查:钢丝绳在使用过程中产生磨损现象不可避免。通过对钢丝绳磨损检查,可以反映出钢丝绳与匹配轮槽的接触状况,在无法随时进行性能试验的情况下,根据钢丝磨损程度的大

71

小推测钢丝绳实际承载能力。钢丝绳的磨损情况检查主要靠目测。

③断丝检查：钢丝绳在投入使用后，肯定会出现断丝现象，尤其是到了使用后期，断丝发展速度会迅速上升。由于钢丝绳在使用过程中不可能一旦出现断丝现象即停止继续运行，因此，通过断丝检查，尤其是对一个捻距内断丝情况检查，不仅可以推测钢丝绳继续承载的能力，而且根据出现断丝根数发展速度，间接预测钢丝绳使用疲劳寿命。钢丝绳的断丝情况检查主要靠目测计数。

④润滑检查：通常情况下，新出厂钢丝绳大部分在生产时已经进行了润滑处理，但在使用过程中，润滑油脂会流失减少。鉴于润滑不仅能够对钢丝绳在运输和存储期间起到防腐保护作用，而且能够减少钢丝绳使用过程中钢丝之间、股绳之间和钢丝绳与匹配轮槽之间的摩擦，对延长钢丝绳使用寿命十分有益，因此，为把腐蚀、摩擦对钢丝绳的危害降低到最低程度，进行润滑检查十分必要。钢丝绳的润滑情况检查主要靠目测。

2）钢丝绳内部检查

对钢丝绳进行内部检查要比进行外部检查困难得多，但由于内部损坏（主要由锈蚀和疲劳引起的断丝）隐蔽性更大，因此，为保证钢丝绳安全使用，必须在适当的部位进行内部检查。

如图 2-10 所示，检查时将两个尺寸合适的夹钳相隔 100～200mm 夹在钢丝绳上反方向转动，股绳便会脱起。操作时，必

图 2-10 对一段连续钢丝绳作内部检验（张力为零）

须十分仔细，以避免股绳被过度移位造成永久变形（导致钢丝绳结构破坏）。

如图 2-11 所示，小缝隙出现后，用螺钉旋具之类的探针拨动股绳并把妨碍视线的油脂或其他异物拨开，对内部润滑、钢丝锈蚀、钢丝及钢丝间相互运动产生的磨痕等情况进行仔细检查。检查断丝，一定

图 2-11 对靠近绳端装置的钢丝绳尾部作内部检验（张力为零）

要认真，因为钢丝断头一般不会翘起而不容易被发现。检查完毕后，稍用力转回夹钳，以使股绳完全恢复到原来位置。如果上述过程操作正确，钢丝绳不会变形。对靠近绳端的绳段特别是对固定钢丝绳应加以注意，诸如支持绳或悬挂绳。

3）钢丝绳使用条件检查

前面叙述的检查仅是对钢丝绳本身而言，这只是保证钢丝绳安全使用要求的一个方面。除此之外，还必须对与钢丝绳使用的外围条件——匹配轮槽的表面磨损情况、轮槽几何尺寸及转动灵活性进行检查，以保证钢丝绳在运行过程中与其始终处于良好的接触状态、运行摩擦阻力最小。

（12）钢丝绳的报废

钢丝绳经过一定时间的使用，其表面的钢丝发生磨损和弯曲疲劳，使钢丝绳表层的钢丝逐渐折断，折断的钢丝数量越多，其他未断的钢丝承担的拉力越大，疲劳与磨损愈甚，促使断丝速度加快，这样便形成恶性循环。当断丝发展到一定程度，保证不了钢丝绳的安全性能，届时钢丝绳不能继续使用，则应予以报废。钢丝绳的报废还应考虑磨损、腐蚀、变形等情况。钢丝绳的报废应考虑以下项目：

1）钢丝的性质和数量；

2）绳端断丝；

3）断丝的局部聚集；

4）断丝的增加率；

5）绳股断裂；

6）绳径减小；

7）弹性降低；

8）外部磨损；

9）外部及内部腐蚀；

10）变形；

11）由于受热或电弧引起的破坏；

12）永久伸长的增加率。

钢丝绳的损坏往往由于多种因素综合累计造成的，国家对钢丝绳的报废有明确的标准，具体标准见附录1《起重机　钢丝绳　保养、维护、检验和报废》（GB/T 5972—2016）。

（13）钢丝绳计算

在允许的拉力范围内使用钢丝绳，是确保钢丝绳使用安全的重要原则。因此，根据现场情况计算钢丝绳的受力，对于选用合适的钢丝绳显得尤为重要。钢丝绳的允许拉力与其最小破断拉力、工作环境下的安全系数相关。

1）安全系数

在钢丝绳受力计算和选择钢丝绳时，考虑到钢丝绳受力不均、负荷不准确、计算方法不精确和使用环境较复杂等一系列不利因素，应给予钢丝绳一个储备能力。因此确定钢丝绳的受力时必须考虑一个系数，作为储备能力，这个系数就是选择钢丝绳的安全系数。起重用钢丝绳必须预留足够的安全系数，是基于以下因素确定的：

①钢丝绳的磨损、疲劳破坏、锈蚀、不恰当使用、尺寸误差和制造质量缺陷等不利因素带来的影响；

②钢丝绳的固定强度达不到钢丝绳本身的强度;

③由于惯性及加速作用(如启动、制动、振动等)而造成的附加载荷的作用;

④由于钢丝绳通过滑轮槽时的摩擦阻力作用;

⑤吊重时的超载影响;

⑥吊索及吊具的超重影响;

⑦钢丝绳在绳槽中反复弯曲而造成的危害的影响。

钢丝绳的安全系数是不可缺少的安全储备,绝不允许凭借这种安全储备而擅自提高钢丝绳的最大允许安全载荷,钢丝绳的安全系数见表2-3。

钢丝绳的安全系数 表2-3

用 途	安全系数	用 途	安全系数
作缆风	3.5	作吊索、无弯曲时	6～7
用于手动起重设备	4.5	作捆绑吊索	8～10
用于机动起重设备	5～6	用于载人的升降机	14

2) 钢丝绳的最小破断拉力

钢丝绳的最小破断拉力与钢丝绳的直径、结构(几股几丝及芯材)及钢丝的强度有关,是钢丝绳最重要的力学性能参数,其计算公式如下:

$$F_0 = \frac{K' \cdot D^2 \cdot R_0}{1000} \quad (2-1)$$

式中　F_0——钢丝绳最小破断拉力(kN);

　　　D——钢丝绳公称直径(mm);

　　　R_0——钢丝绳公称抗拉强度(MPa);

　　　K'——指定结构钢丝绳最小破断拉力系数。

钢丝绳的最小破断拉力可以通过查询钢丝绳质量证明书或力学性能表得到。

3) 钢丝绳的允许拉力

允许拉力是钢丝绳实际工作中所允许的实际载荷,其与钢丝绳的最小破断拉力和安全系数关系式为:

$$[F] = \frac{F_0}{K} \quad (2\text{-}2)$$

式中　$[F]$——钢丝绳允许拉力(kN);

　　　F_0——钢丝绳最小破断拉力(kN);

　　　K——钢丝绳的安全系数。

【例 2-1】 一规格为 $6\times19S+FC$,钢丝绳的公称抗拉强度 1750MPa,直径为 16mm 的钢丝绳,试确定使用单根钢丝绳所允许吊起的重物的最大重量。

【解】 已知钢丝绳规格为 $6\times19S+FC$,$R_0=1750\text{MPa}$,$D=16\text{mm}$。

查《重要用途钢丝绳》(GB 8918—2006)表 10 可知,$F_0=133\text{kN}$。

根据题意,该钢丝绳属于用作捆绑吊索,查表 2-3 知,$K=8$,根据式(2-2),得

$$[F] = \frac{F_0}{K} = \frac{133}{8} = 16.625\text{kN}$$

该钢丝绳作捆绑吊索所允许吊起的重物的最大重量为 16.625kN。

在起重作业中,钢丝绳所受的应力很复杂,虽然可用数学公式进行计算,但因实际使用场合下计算时间有限,且也没有必要算得十分精确。因此人们常用估算法:

破断拉力

$$Q \approx 50D^2 \quad (2\text{-}3)$$

使用拉力

$$P \approx \frac{50D^2}{K} \quad (2\text{-}4)$$

式中　Q——公称抗拉强度 1570MPa 时的破断拉力(kgf);

P——钢丝绳使用近似拉力（kgf）；

D——钢丝绳直径（mm）；

K——钢丝绳的安全系数。

【例 2-2】 选用一根直径为 16mm 的钢丝绳，用于吊索，设定安全系数为 8，试问它的破断力和使用拉力各为多少？

【解】 已知 $D=16\text{mm}$，$K=8$，得

$$Q \approx 50D^2 = 50 \times 16^2 \approx 12800\text{kgf}$$

$$P \approx \frac{50D^2}{K} = \frac{50 \times 16^2}{8} = 1600\text{kgf}$$

该钢丝绳的破断拉力为 12800kgf，允许使用拉力为 1600kgf。

2.1.2 吊钩

吊钩属起重机上重要取物装置之一。吊钩若使用不当，容易造成损坏和折断而发生重大事故，因此，必须加强对吊钩经常性的安全技术检验。

（1）吊钩的分类

吊钩按制造方法可分为锻造吊钩和片式吊钩。锻造吊钩又可分为单钩和双钩，如图 2-12（a）、(b) 所示。单钩一般用于小起重量，双钩多用于较大的起重量。锻造吊钩材料采用优质低碳镇静钢或低碳合金钢，如 20 优质低碳钢、16Mn、20MnSi、36MnSi。片式吊钩由若干片厚度不小于 20mm 的 C3、20 或 16Mn 的钢板铆接起来。片式吊钩也有单钩和双钩之分，如图 2-12（c）、(d) 所示。

片式吊钩比锻造吊钩安全，因为吊钩板片不可能同时断裂，个别板片损坏还可以更换。吊钩按钩身（弯曲部分）的断面形状可分为：圆形、矩形、梯形和 T 字形断面吊钩。

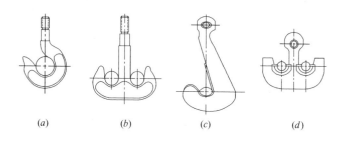

图 2-12 吊钩的种类

（a）锻造单钩；（b）锻造双钩；（c）片式单钩；（d）片式双钩

(2) 吊钩安全技术要求

吊钩应有出厂合格证明，在低应力区应有额定起重量标记。

1) 吊钩的危险断面

对吊钩的检验，必须先了解吊钩的危险断面所在，通过对吊钩的受力分析，可以了解吊钩的危险断面有三个。

如图 2-13 所示，假定吊钩上吊挂重物的重量为 Q，由于重物重量通过钢丝绳作用在吊钩的 I—I 断面上，有把吊钩切断的趋势，该断面上受切应力；由于重量 Q 的作用，在 III—III 断面，有把吊钩拉断的趋势，这个断面就是吊钩钩尾螺纹的退刀槽，这个部位受拉应力；由于 Q 力对吊钩产生拉、切力之后，还有把吊钩拉直的趋势，也就是对 I—I 断面以左的各断面除受拉力以外，还受到力矩的作用。因此，II—II 断面受 Q 的拉力，使整个断面受切应力，同时受力矩的作用。另外，

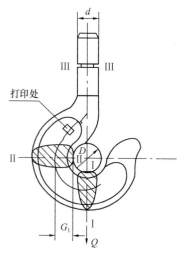

图 2-13 吊钩的危险断面

Ⅱ—Ⅱ断面的内侧受拉应力,外侧受压应力,根据计算,内侧拉应力比外侧压应力大一倍多。所以,吊钩做成内侧厚,外侧薄就是这个道理。

2)吊钩的检验

吊钩的检验一般先用煤油洗净钩身,然后用20倍放大镜检查钩身是否有疲劳裂纹,特别对危险断面的检查要认真、仔细。钩柱螺纹部分的退刀槽是应力集中处,要注意检查有无裂缝。对板钩还应检查衬套、销子、小孔、耳环及其他紧固件是否有松动、磨损现象。对一些大型、重型起重机的吊钩还应采用无损探伤法检验其内部是否存在缺陷。

3)吊钩的保险装置

吊钩必须装有可靠防脱棘爪(吊钩保险),防止工作时索具脱钩,如图2-14所示。

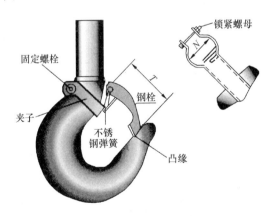

图2-14 吊钩防脱棘爪

(3)吊钩的报废

吊钩禁止补焊,有下列情况之一的,应予以报废:

1)用20倍放大镜观察表面有裂纹;

2)钩尾和螺纹部分等危险截面及钩筋有永久性变形;

3）挂绳处截面磨损量超过原高度的 10%；
4）心轴磨损量超过其直径的 5%；
5）开口度比原尺寸增加 15%。

2.1.3 卸扣

卸扣又称卡环，是起重作业中广泛使用的连接工具，它与钢丝绳等索具配合使用，拆装颇为方便。

（1）卸扣的分类

卸扣按其外形分为直形和椭圆形，如图 2-15 所示。

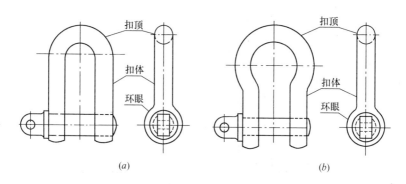

图 2-15 卸扣
(*a*) 直形卸扣；(*b*) 椭圆形卸扣

按活动销轴的形式可分为销子式和螺栓式，如图 2-16 所示。

（2）卸扣使用注意事项

1）卸扣必须是锻造的，一般是用 20 号钢锻造后经过热处理而制成的，以便消除残余应力和增加其韧性，不能使用铸造和补焊的卡环。

2）使用时不得超过规定的荷载，应使销轴与扣顶受力，不能横向受力。横向使用会造成扣体变形。

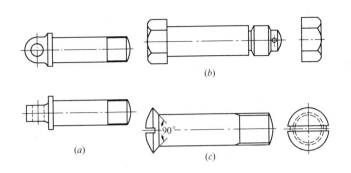

图 2-16 销轴的几种形式

(a) W 型，带有环眼和台肩的螺纹销轴；(b) X 型，
六角头螺栓、六角螺母和开口销；(c) Y 型，沉头螺钉

3）吊装时使用卸扣绑扎，在吊物起吊时应使扣顶在上销轴在下，如图 2-17 所示，使绳扣受力后压紧销轴，销轴因受力，在销孔中产生摩擦力，使销轴不易脱出。

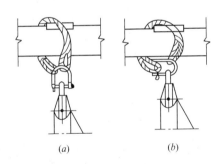

图 2-17 卸扣的使用示意图

(a) 正确的使用方法；(b) 错误的使用方法

4）不得从高处往下抛掷卸扣，以防止卸扣落地碰撞而变形和内部产生损伤及裂纹。

（3）卸扣的报废

卸扣出现以下情况之一时，应予报废：

1）裂纹；

2）磨损达原尺寸的 10%；

3）本体变形达原尺寸的 10%；

4）横销变形达原尺寸的 5%；

5）螺栓坏丝或滑丝；

6）卸扣不能闭锁。

2.1.4 滑车和滑车组

滑车和滑车组是起重吊装、搬运作业中较常用的起重工具。滑车一般由吊钩（链环）、滑轮、轴、轴套和夹板等组成。

（1）滑车

1）滑车的种类

滑车按滑轮的多少，可分为单门（一个滑轮）、双门（两个滑轮）和多门等几种；按连接件的结构形式不同，可分为吊钩型、链环型、吊环型、吊梁型四种；按滑车的夹板形式分，有开口滑车和闭口滑车两种等，如图 2-18 所示。开口滑车的夹板可以打开，便于装入绳索，一般都是单门，常用在拔杆脚等处作导

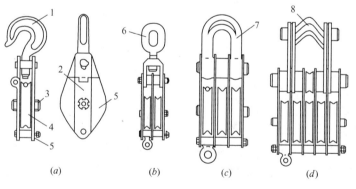

图 2-18 滑车

(a) 单门开口吊钩型；(b) 双门闭口链环型；(c) 三门闭口吊环型；(d) 三门吊梁型
1—吊钩；2—拉杆；3—轴；4—滑轮；5—夹板；6—链环；7—吊环；8—吊梁

向用。滑车按使用方式不同,又可分为定滑车和动滑车两种。定滑车在使用中是固定的,可以改变用力的方向,但不能省力;动滑车在使用中是随着重物移动而移动的,它能省力,但不能改变力的方向。

2)滑车的允许荷载

滑车的允许荷载,可根据滑轮和轴的直径确定。一般滑车上都有标明,使用时应根据其标定的数值选用,同时滑轮直径还应与钢丝绳直径匹配。

双门滑车的允许荷载为同直径单门滑车允许荷载的两倍,三门滑车为单门滑车的三倍,以此类推。同样,多门滑车的允许荷载就是它的各滑轮允许荷载的总和。因此,如果知道某一个四门滑车的允许荷载为 20000kg,则其中一个滑轮的允许荷载为 5000kg。即对于这四门滑车,若工作中仅用一个滑轮,只能负担 5000kg;用两个,只能负担 10000kg,只有四个滑轮全用时才能负担 20000kg。

(2)滑车组

滑车组是由一定数量的定滑车和动滑车及绕过它们的绳索组成的简单起重工具。它能省力也能改变力的方向。

1)滑车组的种类

滑车组根据跑头引出的方向不同,可以分为跑头自动滑车引出和跑头自定滑车引出两种。如图 2-19(a)所示,跑头自动滑车引出,这时用力的方向与重物移动的方向一致;如图 2-19(b)所示,跑头自定滑车绕出,这时用力的方向与重物移动的方向相反。在采用多门滑车进行吊装作业时常采用双联滑车组。如图 2-19(c)所示,双联滑车组有两个跑头,可用两台卷扬机同时牵引,其速度快一倍,滑车组受力比较均衡,滑车不易倾斜。

2)滑车组绳索的穿法

滑车组中绳索有普通穿法和花穿法两种,如图 2-20 所示。

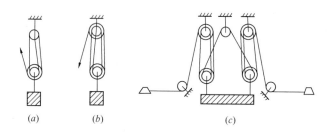

图 2-19 滑车组的种类

(a) 跑头自动滑车绕出;(b) 跑头自定滑车绕出;(c) 双联滑车组

普通穿法是将绳索自一侧滑轮开始,顺序地穿过中间的滑轮,最后从另一侧的滑轮引出,如图 2-20(a)所示。滑车组在工作时,由于两侧钢丝绳的拉力相差较大,跑头 7 的拉力最大,第 6 根为次,顺次至固定头受力最小,所以滑车在工作中不平稳。如图 2-20(b)所示,花穿法的跑头从中间滑轮引出,两侧钢丝绳的拉力相差较小,所以能克服普通穿法的缺点。在用"三三"以上的滑车组时,最好用花穿法。滑车组中动滑车上穿绕绳子的根数,习惯上叫"走几",如动滑车上穿绕三根绳子,叫"走三",穿绕四根绳子叫"走四"。

(3) 滑车及滑车组使用注意事项

1) 使用前应查明标识的允许荷载,检查滑车的轮槽、轮轴、

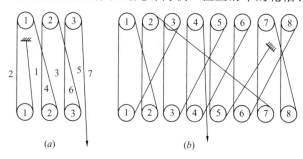

图 2-20 滑车组的穿法

(a) 普通穿法;(b) 花穿法

夹板、吊钩（链环）等有无裂缝和损伤，滑轮转动是否灵活。

2）滑车组绳索穿好后，要慢慢地加力，绳索收紧后应检查各部分是否良好，有无卡绳现象。

3）滑车的吊钩（链环）中心，应与吊物的重心在一条垂线上，以免吊物起吊后不平稳，滑车组上下滑车之间的最小距离应根据具体情况而定，一般为 700～1200mm。

4）滑车在使用前、后都要刷洗干净，轮轴要加油润滑，防止磨损和锈蚀。

5）为了提高钢丝绳的使用寿命，滑轮直径最小不得小于钢丝绳直径的 16 倍。

(4) 滑轮的报废

滑轮出现下列情况之一的，应予以报废：

1）裂纹或轮缘破损；

2）滑轮绳槽壁厚磨损量达原壁厚的 20%；

3）滑轮底槽的磨损量超过相应钢丝绳直径的 25%。

2.1.5 链式滑车

(1) 链式滑车类型和用途

链式滑车又称"捯链"、"手拉葫芦"，它适用于小型设备和物体的短距离吊装，可用来拉紧缆风绳，以及用在构件或设备运输时拉紧捆绑的绳索，如图 2-21 所示。链式滑车具有结构紧凑、手拉力小、携带方便和操作简单等优点，它不仅是起重常用的工具，也常用作机械设备的检修拆装工具。

链式滑车可分为环链蜗杆滑车、片状链式蜗杆滑车和片状链式齿轮滑车等。

(2) 链式滑车的使用

链式滑车在使用时应注意以下几点：

1）使用前需检查传动部分是否灵活，链子和吊钩及轮轴是否有裂纹损伤，手拉链是否有跑链或掉链等现象。

2）挂上重物后，要慢慢拉动链条，当起重链条受力后再检查各部分有无变化，自锁装置是否起作用，经检查确认各部分情况良好后，方可继续工作。

3）在任何方向使用时，拉链方向应与链轮方向相同，防止手拉链脱槽，拉链时力量要均匀，不能过快过猛。

4）当手拉链拉不动时，应查明原因，不能增加人数猛拉，以免发生事故。

图 2-21　链式滑车

5）起吊重物中途停止的时间较长时，要将手拉链拴在起重链上，以防时间过长而自锁失灵。

6）转动部分要经常上油，保证滑润，减少磨损，但切勿将润滑油渗进摩擦片内，以防自锁失灵。

2.1.6　螺旋扣

螺旋扣又称"花篮螺栓"，如图 2-22 所示，其主要用在张紧和松弛拉索、缆风绳等，故又称为"伸缩节"。其形式有多种，尺寸大小则随负荷轻重而有所不同。其结构形式如图 2-23 所示。

图 2-22　螺旋扣

螺旋扣的使用应注意以下事项：

（1）使用时应钩口向下；

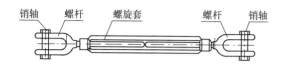

图 2-23 螺旋扣结构示意图

（2）防止螺纹轧坏；

（3）严禁超负荷使用；

（4）长期不用时，应在螺纹上涂好防锈油脂。

2.1.7 千斤顶

千斤顶是一种用较小的力将重物顶高、降低或移位的简单而方便的起重设备。千斤顶构造简单，使用轻便，便于携带，工作时无振动与冲击，能保证把重物准确地停在一定的高度上，升举重物时，不需要绳索、链条等，但行程短，加工精度要求较高。

（1）千斤顶的分类

千斤顶有齿条式、螺旋式和液压式三种基本类型。

1）齿条式千斤顶

齿条式千斤顶又叫起道机，由金属外壳、装在壳内的齿条、齿轮和手柄等组成。在路基路轨的铺设中常用到齿条式千斤顶，如图 2-24 所示。

图 2-24 齿条式千斤顶

2）螺旋千斤顶

螺旋千斤顶常用的是 LQ 型，如图 2-25 所示，它由棘轮组 1、小锥齿轮 2、升降套筒 3、锯齿形螺杆 4、铜螺母 5、大锥齿轮 6、推力轴承 7、主架 8 和底座 9 等组成。

3）液压千斤顶

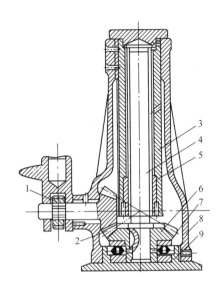

图 2-25 螺旋式千斤顶

1—棘轮组；2—小锥齿轮；3—升降套筒；4—锯齿形螺杆；
5—螺母；6—大锥齿轮；7—推力轴承；8—主架；9—底座

常用的液压千斤顶为 YQ 型，其构造如图 2-26 所示。

（2）千斤顶使用注意事项

1）千斤顶使用前应拆洗干净，并检查各部件是否灵活，有无损伤，液压千斤顶的阀门、活塞、皮碗是否良好，油液是否干净。

2）使用时，应放在平整坚实的地面上，如地面松软，应铺设方木以扩大承压面积。设备或物件的被顶点应选择坚实的平面部位并应清洁至无油污，以防打滑，还须加垫木板以免顶坏设备或物件。

3）严格按照千斤顶的额定起重量使用千斤顶，每次顶升高度不得超过活塞上的标志。

4）在顶升过程中要随时注意千斤顶的平整直立，不得歪斜，严防倾倒，不得任意加长手柄或操作过猛。

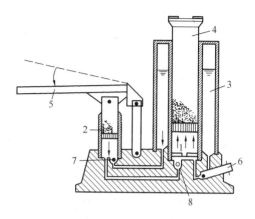

图 2-26 液压千斤顶的构造
1—油室；2—油泵；3—储油腔；4—活塞；5—摇把；
6—回油阀；7—油泵进油门；8—油室进油门

5）操作时，先将物件顶起一点后暂停，检查千斤顶、枕木垛、地面和物件等情况是否良好，如发现千斤顶和枕木垛不稳等情况，必须处理后才能继续工作。顶升过程中，应设保险垫，并要随顶随垫，其脱空距离应保持在 50mm 以内，以防千斤顶倾倒或突然回油而造成事故。

6）用两台或两台以上千斤顶同时顶升一个物件时，要有统一指挥，动作一致，升降同步，保证物件平稳。

7）千斤顶应存放在干燥、无尘土的地方，避免日晒雨淋。

2.1.8 卷扬机

卷扬机在建筑施工中使用广泛，它可以单独使用，也可以作为其他起重机械的卷扬机构。

（1）卷扬机构造和分类

卷扬机是由电动机、齿轮减速机、卷筒和制动器等构成。载荷的提升和下降均为一种速度，由电机的正反转控制。

卷扬机按卷筒数分：有单筒、双筒、多筒卷扬机；按速度分：有快速、慢速卷扬机。常用的有电动单筒卷扬机和电动双筒卷扬机。如图2-27所示，为一种单筒电动卷扬机的结构示意图。

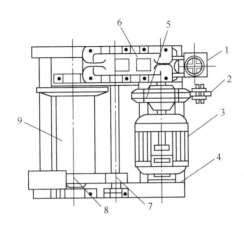

图2-27 单筒电动卷扬机结构示意图

1—可逆控制器；2—电磁制动器；3—电动机；4—底盘；
5—联轴器；6—减速器；7—小齿轮；8—大齿轮；9—卷筒

（2）卷扬机的基本参数

常用卷扬机的基本参数主要包括钢丝绳额定拉力、卷筒容绳量、钢丝绳平均速度、钢丝绳直径和卷筒直径等。

1）慢速卷扬机的基本参数，见表2-4。

慢速卷扬机基本参数　　　　　表2-4

基本参数 \ 型式	单筒卷扬机						
钢丝绳额定拉力（t）	3	5	8	12	20	32	50
卷筒容绳量（m）	150	150	400	600	700	800	800
钢丝绳平均速度（m/min）	9～12			8～11		7～10	
钢丝绳直径不小于（mm）	15	20	26	31	40	52	65
卷筒直径 D	$D \geqslant 18d$						

注：$1t = 1 \times 10^3 \times 10N = 10kN$。

2）快速卷扬机的基本参数见表 2-5。

快速卷扬机基本参数 表 2-5

基本参数 \ 型式	单筒					双筒			
钢丝绳额定拉力（t）	0.5	1	2	3	5	8	2	3	5	8
卷筒容绳量（m）	100	120	150	200	350	500	150	200	350	500
钢丝绳平均速度（m/min）	30～40		30～35		28～32		30～35		28～32	
钢丝绳直径不小于（mm）	7.7	9.3	13	5	20	26	13	15	20	26
卷筒直径 D	$D > 18d$									

注：$1t = 1 \times 10^3 \times 10N = 10kN$。

（3）卷筒

卷筒是卷扬机的重要部件，卷筒是由筒体、连接盘、轴以及轴承支架等构成的。

1）钢丝绳在卷筒上的固定

钢丝绳在卷筒上的固定通常使用压板螺钉或楔块，固定的方法一般有楔块固定法、长板条固定法和压板固定法，如图 2-28 所示。

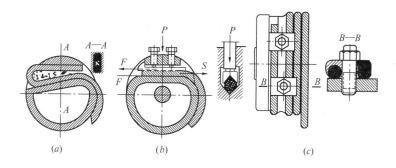

图 2-28 钢丝绳在卷筒上的固定
（a）楔块固定；(b) 长板条固定；(c) 压板固定

楔块固定法，如图 2-28（a）所示。此法常用于直径较小的钢丝绳，不需要用螺栓，适于多层缠绕卷筒。

长板条固定法，如图 2-28（b）所示。通过螺钉的压紧力，将带槽的长板条沿钢丝绳的轴向将绳端固定在卷筒上。

压板固定法，如图 2-28（c）所示。利用压板和螺钉固定钢丝绳，压板数至少为 2 个。此固定方法简单，安全可靠，便于观察和检查，是最常见的固定形式。其缺点是所占空间较大，不宜用于多层卷绕。

2）卷筒的报废

卷筒出现下述情况之一的，应予以报废：

①裂纹或凸缘破损；

②卷筒壁磨损量达原壁厚的 10%。

（4）制动器

制动器是各类起重机械不可缺少的组成部分，它既是起重机的控制装置，又是安全装置。其工作原理是：制动器摩擦副中的一组与固定机架相连；另一组与机构转动轴相连。当摩擦副接触压紧时，产生制动作用；当摩擦副分离时，制动作用解除，机构可以运动。

1）制动器的分类

①根据构造不同，制动器可分为以下三类：

（a）带式制动器。制动钢带在径向环抱制动轮而产生制动力矩。

（b）块式制动器。两个对称布置的制动瓦块，在径向抱紧制动轮而产生制动力矩。

（c）盘式与锥式制动器。带有摩擦衬料的盘式和锥式金属盘，在轴向互相贴紧而产生制动力矩。

②按工作状态，制动器一般可分为常闭式制动器和常开式制动器。

（a）常闭式制动器。在机构处于非工作状态时，制动器处于闭合制动状态；在机构工作时，操纵机构先行自动松开制动器。

塔机的起升和变幅机构均采用常闭式制动器。

（b）常开式制动器。制动器平常处于松开状态，需要制动时通过机械或液压机构来完成。塔机的回转机构采用常开式制动器。

2）制动器的报废

制动器的零件有下列情况之一的，应予报废：

①可见裂纹；

②制动块摩擦衬垫磨损量达原厚度的50%；

③制动轮表面磨损量达1.5~2mm；

④弹簧出现塑性变形；

⑤电磁铁杠杆系统空行程超过其额定行程的10%。

（5）卷扬机的固定

卷扬机必须用地锚予以固定，以防工作时产生滑动或倾覆。根据受力大小，固定卷扬机的方法大致有螺栓锚固法、水平锚固法、立桩锚固法和压重锚固法四种，如图2-29所示。

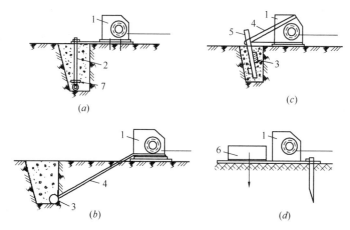

图2-29 卷扬机的锚固方法

(a)螺栓锚固法；(b)水平锚固法；(c)立桩锚固法；(d)压重物锚固法

1—卷扬机；2—地脚螺栓；3—横木；4—拉索；5—木桩；6—压重；7—压板

(6) 卷扬机的布置

卷扬机的布置（即安装位置）应注意下列几点：

1) 卷扬机安装位置周围必须排水畅通并应搭设工作棚；

2) 卷扬机的安装位置应能使操作人员看清指挥人员和起吊或拖动的物件，操作者视线仰角应小于45°；

3) 在卷扬机正前方应设置导向滑车，如图2-30所示，导向滑车至卷筒轴线的距离，带槽卷筒应不小于卷筒宽度的15倍，即倾斜角 α 不大于2°，无槽卷筒应大于卷筒宽度的20倍，以免钢丝绳与导向滑车槽缘产生过度的磨损；

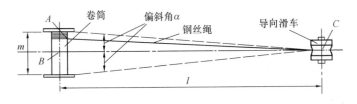

图2-30 卷扬机的布置

4) 钢丝绳绕入卷筒的方向应与卷筒轴线垂直，其垂直度允许偏差为6°，这样能使钢丝绳圈排列整齐，不致斜绕和互相错叠挤压。

(7) 卷扬机使用注意事项

1) 作用前，应检查卷扬机与地面的固定、安全装置、防护设施、电气线路、接零或接地线、制动装置和钢丝绳等，全部合格后方可使用。

2) 使用皮带或开式齿轮的部分，均应设防护罩，导向滑轮不得用开口拉板式滑轮。

3) 正反转卷扬机卷筒旋转方向应在操纵开关上有明确标识。

4) 卷扬机必须有良好的接地或接零装置，接地电阻不得大于10Ω；在一个供电网路上，接地或接零不得混用。

5) 卷扬机使用前要先作空载正、反转试验，检查运转是否平稳，有无不正常响声；传动、制动机构是否灵敏可靠；各紧固件及连接部位有无松动现象；润滑是否良好，有无漏油现象。

6）钢丝绳的选用应符合原厂说明书规定。卷筒上的钢丝绳全部放出时应留有不少于3圈；钢丝绳的末端应固定牢靠；卷筒边缘外周至最外层钢丝绳的距离应不小于钢丝绳直径的1.5倍。

7）钢丝绳应与卷筒及吊笼连接牢固，不得与机架或地面摩擦，通过道路时，应设过路保护装置。

8）卷筒上的钢丝绳应排列整齐，当重叠或斜绕时，应停机重新排列，严禁在转动中用手拉脚踩钢丝绳。

9）作业中，任何人不得跨越正在作业的卷扬钢丝绳。物件提升后，操作人员不得离开卷扬机，物件或吊笼下面严禁人员停留或通过。休息时应将物件或吊笼降至地面。

10）作业中如发现异响、制动不灵、制动装置或轴承等温度剧烈上升等异常情况时，应立即停机检查，排除故障后方可使用。

11）作业中停电或休息时，应切断电源，将提升物件或吊笼降至地面，操作人员离开现场应锁好开关箱。

2.1.9 其他索具

在起重作业中，常使用绳索绑扎、搬运和提升重物，它与取物装置（如吊钩、吊环、卸扣等）组成各种吊具。

（1）白棕绳

1）白棕绳的用途和特点

白棕绳是起重作业中常用的轻便绳索，具有质地柔软、携带方便和容易绑扎等优点，但其强度比较低。一般白棕绳的抗拉强度仅为同直径钢丝绳的10%左右，易磨损。因此，白棕绳主要用于绑扎及起吊较轻的物件和起重量比较小的扒杆缆风绳索。

白棕绳有涂油和不涂油之分。涂油的白棕绳抗潮湿防腐性能较好，其强度比不涂油的一般要低 10%～20%；不涂油的白棕绳在干燥情况下，强度高、弹性好，但受潮后强度降低约 50%。白棕绳有三股、四股和九股捻制的，特殊情况下有十二股捻制。其中最常用的是三股捻制品。

2) 白棕绳的受力计算

为了保证起重作业的安全，白棕绳在使用中所受的极限工作载荷（最大工作拉力）应比白棕绳试验时的破断拉力小，白棕绳的承载力可采用近似法计算。白棕绳的安全系数见表 2-6。

白棕绳的安全系数 表 2-6

使 用 情 况	安全系数 k
地面水平运输设备	3
高空系挂或吊装设备	5
用慢速机械操作，环境温度在 40～50℃	10

① 近似破断拉力

$$S_{破断} = 50d^2 \quad (2\text{-}5)$$

② 极限工作拉力

$$S_{极限} = \frac{S_{破断}}{k} = 50\frac{d^2}{k} \quad (2\text{-}6)$$

式中 $S_{破断}$——近似破断拉力（N）；

$S_{极限}$——极限工作拉力（最大工作拉力）（N）；

d——白棕绳直径（mm）；

k——白棕绳安全系数。

【例 2-3】 设采用 $\phi 16$ 白棕绳吊装设备，试用近似法计算其破断拉力和极限工作拉力。

【解】 已知 $d=16$mm，查表 2-6，$k=5$。

$$S_{破断} = 50d^2 = 50 \times 16^2 = 12800\text{N}$$

$$S_{极限} = 50\frac{d^2}{k} = 50\frac{16^2}{5} = 2560\text{N}$$

白棕绳的破断拉力和极限工作拉力分别为 12800N 和 2560N。

3）白棕绳使用注意事项

①白棕绳一般用于重量较轻物件的捆绑、滑车作业及扒杆用绳索等。起重机械或受力较大的作业不得使用白棕绳。

②使用前，必须查明允许拉力，严禁超负荷使用。

③用于滑车组的白棕绳，为了减少其所承受的附加弯曲力，滑轮的直径应比白棕绳直径大 10 倍以上。

④使用中，如果发现白棕绳连续向一个方向扭转时，应抖直，有绳结的白棕绳不得穿过滑车。

⑤在绑扎各类物件时，应避免白棕绳直接和物件的尖锐边缘接触，接触处应加麻袋、帆布或镀锌薄钢板、木片等衬物。

⑥不得在尖锐、粗糙的物件上或地上拖拉。

⑦穿过滑轮时，不应脱离轮槽。

⑧应储存在干燥和通风好的库房内，避免受潮或高温烘烤；不得将白棕绳和有腐蚀作用的化学物品（如碱、酸等）接触。

（2）尼龙绳和绦纶绳

1）尼龙绳和绦纶绳的特点

尼龙绳和绦纶绳可用来捆绑、吊运表面粗糙、精度要求高的机械零部件及有色金属制品。

尼龙绳和绦纶绳具有重量轻、质地柔软、弹性好、强度高、耐腐蚀、耐油、不生蛀虫及霉菌、抗水性能好等优点。其缺点是不耐高温，使用中应避免高温及锐角损伤。

2）尼龙绳的受力计算

尼龙绳、绦纶绳计算公式：

①近似破断拉力

$$S_{破断} = 110d^2 \qquad (2-7)$$

②极限工作拉力

$$S_{极限} = \frac{S_{破断}}{k} = 110\frac{d^2}{k} \qquad (2\text{-}8)$$

式中　$S_{破断}$——近似破断拉力（N）；

　　　$S_{极限}$——极限工作拉力（最大工作拉力）（N）；

　　　d——尼龙绳、绦纶绳直径（mm）；

　　　k——尼龙绳、绦纶绳安全系数。

尼龙绳、绦纶绳安全系数可根据工作使用状况和重要程度选取，但不得小于 6。

(3) 常用绳索打结方法

绳索在使用过程中打成各式各样的绳结，常用的打结方法参见表 2-7。

钢丝绳及白棕绳的结绳法　　　　　　　　表 2-7

序号	结绳名称	简　图	用途及特点
1	直结（又称平结、交叉结、果子口）		用于白棕绳两端的连接，连接牢固，中间放一段木棒易解
2	活结		用于白棕绳迅速解开时
3	组合结（又称单帆索结、三角扣及单绕式双插法）		用于钢丝绳或白棕绳的连接。比较易结易解，也可用于不同粗细绳索两端的连接
4	双重组合结（又称双帆结、多绕式双插结）		用于白棕绳或钢丝绳两端有拉力时的连接及钢丝绳端与套环相连接。绳结牢靠

续表

序号	结绳名称	简 图	用途及特点
5	套连环结		将钢丝绳或白棕绳与吊环连接在一起时用
6	海员结（又称琵琶结、航海结、滑子扣）	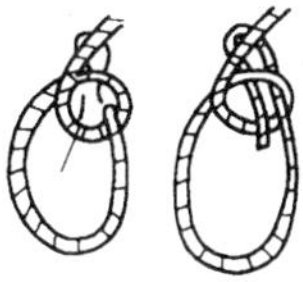	用于白棕绳绳头的固定，系结杆件或是拖拉物件。绳结牢靠，易解，拉紧后不出死结
7	双套扣（又称锁圈结）		用途同上，也可做吊索用。结绳牢固可靠，结绳迅速，解开方便，可用于钢丝绳中段打结
8	梯形结（又称八字扣、猪蹄扣、环扣）	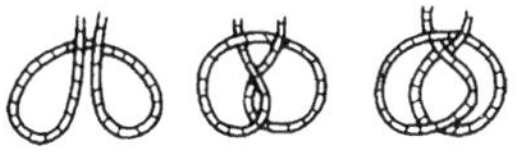	在人字及三角桅杆拴拖拉绳，可在绳中间打结，也可抬吊重物。绳圈易扩大或缩小。绳结牢靠又易解
9	拴住结（又称锚固结）	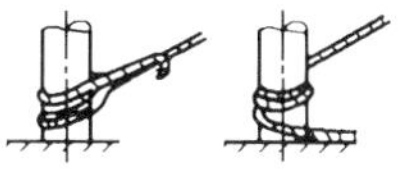	（1）用于缆风绳固定端绳结（2）用于松溜绳结，可以在受力后慢慢放松，活头应该在下面
10	双梯形结（又称鲁班结）	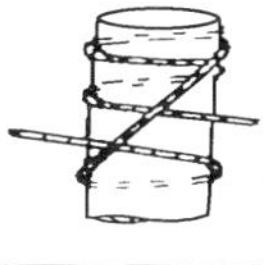	主要用于拔桩及桅杆绑扎缆风绳等。绳结紧不易松脱
11	单套结（又称十字结）		用于连接吊索或钢丝绳的两端或固定绳索用

99

续表

序号	结绳名称	简　图	用途及特点
12	双套结（又称双十字结、对结）		用于连接吊索或钢丝绳的两端，固定绳端
13	抬扣（又称杠棒扣）		以白棕绳搬运轻量物体时用，抬起重物时自然收紧。结绳、解绳迅速
14	死结（又称死圈扣）		用于重物吊装捆绑，方便牢固可靠
15	水手结		用于吊索直接系结杆件起吊，可自动勒紧，容易解开绳索
16	瓶口接		用于栓绑起吊圆柱形杆件。特点是愈拉愈紧
17	桅杆结		用于树立桅杆，牢固可靠

续表

序号	结绳名称	简　图	用途及特点
18	挂钩结		用于起重吊钩上,特点是结绳方便,不易脱钩
19	抬杠结		用于抬杠或吊运圆桶物体

(4) 吊索

吊索又称千斤索,在建筑行业中主要用于绑扎构件以便起吊,一般用 6×61 和 6×37 钢丝绳制成,其形式大致可分为可调捆绑式吊索、无接头吊索、压制吊索、编制吊索和钢坯专用吊索五种,如图 2-31 所示。还有一种是一、二、三、四腿钢丝绳钩成套吊索,如图 2-32 所示。

编制吊索主要采用挤压插接法进行编结,此办法适用于普通捻六股钢丝绳吊索的制作。办法如下:

端头解开长度约为 350mm 左右。如图 2-33 所示,用锥子在甲绳的 1、6 股间穿过,在 3、4 股间穿出,把乙绳上面的第一股

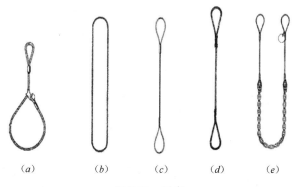

图 2-31 吊索

(a) 可调捆绑式吊索;(b) 无接头吊索;(c) 压制吊索;
(d) 编制吊索;(e) 钢坯专用吊索

图 2-32　一、二、三、四腿钢丝绳钩成套吊索

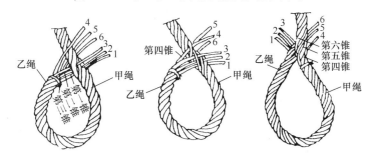

图 2-33　钢丝绳绳索插接

子绳插入、拔出，再将锥子从 2、3 股间插入，在 1、6 股间穿出，把乙绳上面的第三股子绳插入。这样，就形成了三股子绳插编在甲绳内，三股子绳在甲绳外。然后，将六股子绳一把抓牢，用锥子的另一头敲打甲绳，使甲绳和乙绳收紧，此时，开始编插。插编时，先将第六股子绳作为第一道编绕，一般为插编五花，当插编第一股子绳时，开头一花一定要收紧，以防止千斤头太松。紧接着即是 5、4、3、2、1 顺序编结，当六股子绳插编完成，即形成钢丝绳千斤头，把多余的各股钢丝绳头割去，便告完成。

目前插编钢丝绳索具也有采用专业的钢丝绳索具深加工设备，根据钢丝绳的捻股，合绳工艺，单股多次插编而成，如图 2-34 所示。

图 2-34　吊索机械编结

2.2 起重作业的基本操作

2.2.1 起重作业人工基本操作

(1) 撬

在吊装作业中,为了把物体抬高或降低,常采用撬的方法。撬就是用撬杠把物体撬起,如图 2-35 所示。这种方法一般用于抬高或降低较轻物体(约 2000～3000kg)的操作中。如工地上堆放空心板和拼装钢屋架或钢筋混凝土天窗架时,为了调整构件某一部分的高低,可用这种方法。

图 2-35 撬

撬属于杠杆的第一类型(支点在中间)。撬扛下边的垫点就是支点。在操作过程中,为了达到省力的目的,垫点应尽量靠近物体,以减小(短)重臂,增大(长)力臂。作支点用的垫物要坚硬,底面积宜大而宽,顶面要窄。

(2) 磨

磨是用撬杠使物体转动的一种操作,也属于杠杆的第一类型。磨的时候,先要把物体撬起,同时推动撬杠的尾部使物体转动(要想使重物向右转动,应向左推动撬杠的尾部)。当撬杠磨到一定角度不能再磨时,可将重物放下,再转回撬杠磨第二次、第三次……

在吊装工作中,对重量较轻、体积较小的构件,如拼装钢筋混凝土天窗架需要移位时,可一人一头地磨,如移动大型屋面板时也可以一个人磨，如图 2-36 所示，也可以几个人对称地站在构件的两端同时磨。

（3）拨

拨是把物体向前移动的一种方法，它属于第二类杠杆，重点在中间，支点在物体的底下，如图 2-37 所示。将撬杠斜插在物体底下，然后用力向上抬，物体就向前移动。

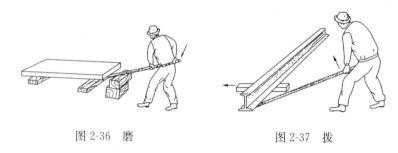

图 2-36　磨　　　　　　图 2-37　拨

（4）顶和落

顶是指用千斤顶把重物顶起来的操作，落是指用千斤顶把重物从较高的位置落到较低位置的操作。

第一步，将千斤顶安放在重物下面的适当位置，如图 2-38 (a) 所示。第二步，操作千斤顶，将重物顶起，如图 2-38 (b) 所示。第三步，在重物下垫进枕木并落下千斤顶，如图 2-38 (c) 所示。第四步，垫高千斤顶，准备再顶升，如图 2-38 (d) 所示。如此循环往复，即可将重物一步一步地升高至需要的位置。落的操作步骤与顶的操作步骤相反。在使用油压千斤顶落下重物时，为防止下落速度过快发生危险，要在拆去枕木后，及时放入不同厚度的木板，使重物离木板的距离保持在 5cm 以内，一面落下重物，一面拆去和更换木板。木板拆完后，将重物放在枕木上，然后取出千斤顶，拆去千斤顶下的部分垫木，再把千斤顶放回。重复以上操作，一直到将重物落至要求的高度。

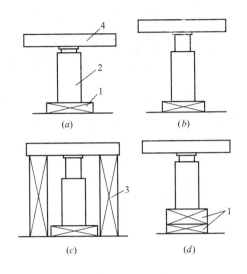

图 2-38 用千斤顶逐步顶升重物程序图
(a) 最初位置；(b) 顶升重物；(c) 在重物下垫进枕木；
(d) 将千斤顶垫高准备再次提升
1—垫木；2—千斤顶；3—枕木；4—重物

（5）滑

滑就是把重物放在滑道上，用人力或卷扬机牵引，使重物向前滑移的操作。滑道通常用钢轨或型钢做成，当重物下表面为木材或其他粗糙材料时，可在重物下设置用钢材和木材制成的滑撬，通过滑撬来降低滑移中的摩阻力。如图 2-39 所示，为一种用槽钢和木材制成的滑撬示意图。滑撬下部为由两层槽钢背靠背焊接而成，上部为两层方木用道钉钉成一体。滑移时所需的牵引力必须大于物体与滑道或滑撬与滑道之间的摩阻力。

（6）滚

滚就是在重物下设置上下滚道和滚杠，使物体随着上下滚道间滚杠的滚动而向前移动的操作。

滚道又称走板。根据物体的形状和滚道布置的情况，滚道可

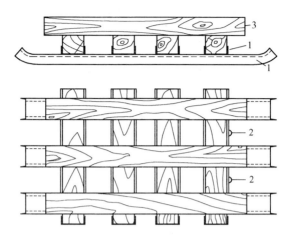

图 2-39 滑橇
1—槽钢；2—牵引环；3—方木

分为两种类型：一种是用短的上滚道和通长的下滚道，如图 2-40（a）所示；另一种是用通长的上滚道和短的下滚道，如图 2-40（b）所示。前者用以滚移一般物体，工作时在物体前进方向的前方填入滚杠；后者用以滚移长大物体，工作时在物体前进方向的后方填入滚杠。

上滚道的宽度一般均略小于物体宽，下滚道则比上滚道稍

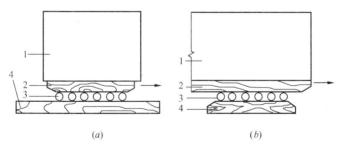

图 2-40 滚道
（a）短的上滚道和通长的下滚道；（b）长的上滚道和短的下滚道
1—物件；2—上滚道；3—滚杠；4—下滚道

宽。滚移重量不很大的物体时，上、下滚道可用方木做成，滚杠可用硬杂木或钢管。滚移重量很大的物体时，上、下滚道可采用钢轨制成，滚杠用无缝钢管或圆钢。为提高钢管的承载力，可在管内灌混凝土。滚杠的长度应比下滚道宽度长 20～40cm。滚杠的直径，根据荷载不同，一般为 5～10cm。

滚运重物时，重物的前进方向由滚杠在滚道上的排放方向控制。要使重物直线前进，必须使滚杠与滚道垂直，要使重物拐弯，则使滚杠向需拐弯的方向偏转。纠正滚杠的方向，可用大锤敲击。放滚杠时，必须将头放整齐。

2.2.2 物体的绑扎

(1) 平行吊装绑扎法

平行吊装绑扎法一般有两种。一种是用一个吊点，适用于短小、重量轻的物体。在绑扎前应找准物体的重心，使被吊装的物体处于水平状态，这种方法简便实用，常采用单支吊索穿套结索法吊装作业。根据所吊物体的整体和松散性，选用单圈或双圈穿套结索法，如图 2-41 所示。

另一种是用两个吊点，这种吊装方法是绑扎在物体的两端，

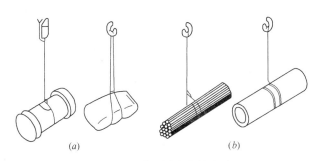

图 2-41 单双圈穿套结索法
(a) 单圈；(b) 双圈

常采用双支穿套结索法和吊篮式结索法,如图 2-42 所示,吊索之间夹角不得大于 120°。

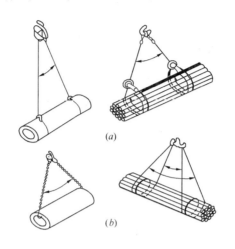

图 2-42　双圈穿套及吊篮结索法
(a) 双支单双圈穿套结索法;(b) 吊篮式结索法

(2) 垂直斜形吊装绑扎法

垂直斜形吊装绑扎法多用于物体外形尺寸较长、对物体安装有特殊要求的场合。其绑扎点多为一点绑法(也可两点绑扎)。绑扎位置在物体端部,绑扎时应根据物体质量选择吊索和卸扣,并采用双圈或双圈以上穿套结索法,防止物体吊起后发生滑脱,如图 2-43 所示。

物体绑扎方法较多。应根据作业的类型、环境和设备的重心位置来确定。通常采用平行吊装两点绑扎法。如果物体重心居中可不用绑扎,采用兜挂法直接吊装,如图 2-44 所示。

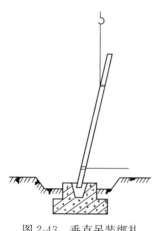

图 2-43　垂直吊装绑扎

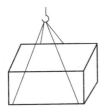 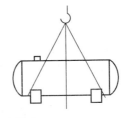

图 2-44 兜挂法

2.3 起重机械

2.3.1 常用的起重机

起重吊装使用的起重机类型主要为塔式起重机、流动式起重机两种。其中，塔式起重机主要是固定式和轨道行走式；流动式起重机主要有汽车式、轮胎式和履带式。如图 2-45 所示，为起重吊装常用的塔式起重机、汽车起重机和履带起重机。

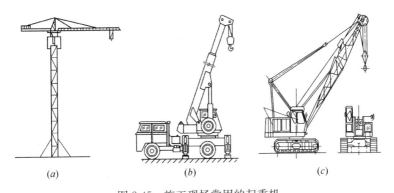

图 2-45 施工现场常用的起重机
(a) 塔式起重机；(b) 汽车起重机；(c) 履带起重机

2.3.2 起重机的基本参数

起重机的基本参数,是表征起重机工作性能的指标,也是选用起重机械的主要技术依据,它包括:起重量、起升高度、起重力矩、幅度、工作速度、结构重量和结构尺寸等。

(1) 起重量

起重量是吊钩能吊起的重量,其中包括吊索、吊具及容器的重量。起重机允许起升物料的最大起重量称为额定起重量。通常情况下所讲的起重量,都是指额定起重量。

对于幅度可变的起重机,如塔式起重机、汽车起重机、履带起重机和门座起重机等臂架型起重机,起重量因幅度的改变而改变,因此每台起重机都有自己本身的起重量与起重幅度的对应表,称起重特性表。

在起重作业中,了解起重设备在不同幅度处的额定起重量非常重要,在已知所吊物体重量的情况下,根据特性表和曲线就可以得到起重的安全作业距离(幅度)。

(2) 起重力矩

起重量与相应幅度的乘积为起重力矩,惯用计量单位为 t·m(吨·米),标准计量单位为 kN·m。换算关系:1t·m=10kN·m。额定起重力矩是起重机工作能力的重要参数,它是起重机工作时保持其稳定性的控制值。起重机的起重量随着幅度的增加而相应递减。

(3) 起升高度

起重机吊具最高和最低工作位置之间的垂直距离称为起升范围。起重吊具的最高工作位置与起重机的水准地平面之间的垂直距离称为起升高度,也称吊钩有效高度。塔机起升高度为混凝土基础表面(或行走轨道顶面)到吊钩的垂直距离。

(4) 幅度

起重机置于水平场地时，空载吊具垂直中心线至回转中心线之间的水平距离称为幅度，当臂架倾角最小或小车离起重机回转中心距离最大时，起重机幅度为最大幅度；反之为最小幅度。

(5) 工作速度

工作速度，按起重机工作机构的不同主要包括起升（下降）速度、起重机（大车）运行速度、变幅速度和回转速度等。

1) 起升（下降）速度，是指稳定运动状态下，额定载荷的垂直位移速度（m/min）。

2) 起重机（大车）运行速度，是指稳定运行状态下，起重机在水平路面或轨道上，带额定载荷的运行速度（m/min）。

3) 变幅速度，是指稳定运动状态下，吊臂挂最小额定载荷，在变幅平面内从最大幅度至最小幅度的水平位移平均速度（m/min）。

4) 回转速度，是指稳定运动状态下，起重机转动部分的回转速度（r/min）。

(6) 结构尺寸

起重机的结构尺寸可分为行驶尺寸、运输尺寸和工作尺寸，可保证起重机械的顺利转场和工作时的环境适应。

2.3.3 起重机的选择

(1) 起重机的稳定性在很大程度上和起重量与回转半径之间的变化有关。当起重臂杆长度不变时，回转半径的长短，决定了起重机起重量的大小。回转半径增加则起重量相应减小；回转半径减少则起重量相应增大；对于动臂式起重机，起重臂杆的仰角变小，即：回转半径增加，则起重量相应减小；起重臂杆仰角变大，即：回转半径减少，则起重量相应增大；故回转半径与起重量是反比关系。

（2）建筑物的高度以及构件吊装高度决定着起重机的起升高度。因此制定吊装方案选择起重机时，在决定了起重机的最高有效施工起升高度的情况下，还要将起重机的起重量、回转半径作综合的考虑，不片面强调某一因素，必须根据施工现场的地形条件和结构情况、构件安装高度和位置，以及构件的长度、绑扎点等，核算出起重机所需要回转半径和起重臂杆长度，再根据需要的回转半径和起重臂杆长度来选择适当的起重机。

2.4 起重吊运指挥信号

起重指挥信号包括手势信号、音响信号和旗语信号，此外还包括与起重机司机联系的对讲机等现代电子通信设备的语音联络信号。在《起重吊运指挥信号》（GB 5082—85）中对起重指挥信号作了统一规定，具体见附录2。

2.4.1 手势信号

手势信号是用手势与驾驶员联系的信号，是起重吊运的指挥语言，包括通用手势信号和专用手势信号。

通用手势信号，指各种类型的起重机在起重吊运中普遍适用的指挥手势。通用手势信号包括预备、要主钩、吊钩上升等14种。

专用手势信号，指其有特殊的起升、变幅、回转机构的起重机单独使用的指挥手势。专用手势信号包括升臂、降臂、转臂等14种。

2.4.2 旗语信号

一般在高层建筑、大型吊装等指挥距离较远的情况下，为了增大起重机司机对指挥信号的视觉范围，可采用旗帜指挥。旗语信号是吊运指挥信号的另一种表达形式。根据旗语信号的应用范围和工作特点，这部分共有预备、要主钩、要副钩等23个图谱。

2.4.3 音响信号

音响信号是一种辅助信号。在一般情况下音响信号不单独作为吊运指挥信号使用，而只是配合手势信号或旗语信号应用。音响信号由5个简单的长短不同的音响组成。一般指挥人员都习惯使用哨笛音响。这五个简单的音响可与含义相似的指挥手势或旗语多次配合，达到指挥目的。使用响亮悦耳的音响是为了人们在不易看清手势或旗语信号时，作为信号弥补，以达到准确无误。

2.4.4 起重吊运指挥语言

起重吊运指挥语言是把手势信号或旗语信号转变成语言，并用无线电、对讲机等通信设备进行指挥的一种指挥方法。指挥语言主要应用在超高层建筑、大型工程或大型多机吊运的指挥和工作联络方面。它主要用于指挥人员对起重机司机发出具体工作命令。

2.4.5 起重机驾驶员使用的音响信号

起重机使用的音响信号有三种：

一短声表示"明白"的音响信号,是对指挥人员发出指挥信号的回答。在回答"停止"信号时也采用这种音响信号。

二短声表示"重复"的音响信号,是用于起重机司机不能正确执行指挥人员发出的指挥信号,而发出的询问信号时,对于这种情况,起重机司机应先停车,再发出询问信号,以保障安全。

长声表示"注意"的音响信号,这是一种危急信号,下列情况起重机司机应发出长声音响信号,以警告有关人员:

(1) 当起重机司机发现他不能完全控制他操纵的设备时;

(2) 当司机预感到起重机在运行过程中会发生事故时;

(3) 当司机知道有与其他设备或障碍物相碰撞的可能时;

(4) 当司机预感到所吊运的负载对地面人员的安全有威胁时。

3 物料提升机的构造和工作原理

3.1 物料提升机概述

物料提升机是施工现场用来进行物料垂直运输的一种简易设备,按架体结构外形一般分为龙门架式和井架式。

龙门架的架体结构是由两个立柱和一根横梁(天梁)组成,横梁架设在立柱的顶部,与立柱组成形如"门框"的架体,习惯称之为"龙门架"。

井架的架体结构是由四个立杆,多个水平及倾斜杆件组成的整个架体。水平及倾斜杆件(缀杆)将立杆联系在一起,从水平截面上看似是一个"井"字,因此得名为井架,也称井字架。

龙门架及井架物料提升机是在上述架体中,加设载物起重的承载部件,如吊笼、吊篮和吊斗等;设置起重动力装置,如卷扬机、曳引机等;配置传动部件,如钢丝绳、滑轮和导轨等,以及必要的辅助装置(设施)等组成一套完整的起重设备。

按现行的国家行业标准,龙门架及井架物料提升机是额定起重量在 2000kg 以下,以地面卷扬机为动力、沿导轨做垂直运行的起重机械设备。

在我国,20 世纪 50 年代以前,建筑规模不大,生产力比较落后,建筑起重机械较少,建筑施工中多以人拉肩扛为主。为了解决起重问题,有人尝试用木料、竹料搭设的架体,人工牵拉作为动力搭设简单起重机械。这是物料提升机的雏形。之后随着我国工业的发展，设备技术的提高，从20世纪60年代开始，建筑工地采用卷扬机作为动力，架体采用钢材拼装，出现了起重量较大的物料提升机。但是，其结构仍然比较简单，电气控制及安全装置也很不完善，普遍使用搬把式倒顺开关及挂钩式、弹闸式防坠落装置，操作时无良好的点动功能，就位不准。20世纪70年代初，随着钢管扣件式脚手架的推行，出现了用钢管扣件搭设架体，使用揽风绳稳固的简易井架。虽然装拆十分方便，但架体刚度和承载能力较低，一般仅用于七层以下的多层建筑。在管理上，井架物料提升机的卷扬机和架体是分立管理的，架体作为周转器材管理，卷扬机作为动力设备管理。随着建筑市场规模的日益扩大，逐步出现了双立柱和三立柱的龙门架物料提升机。为了提高物料提升机的安全程度和起重能力，20世纪80年代逐步淘汰了钢管和扣件搭设的物料提升机，开始采用型钢以刚性方式连接架设。20世纪90年代初，建设部颁布了第一部物料提升机的行业标准——《龙门架及井架物料提升机安全技术规范》（JGJ 88—92），从设计制造、安装检验到使用管理，尤其是安全装置方面作出了较全面的规定。

用于建筑施工的物料提升机，经过几十年的发展，尤其《龙门架及井架物料提升机安全技术规范》（JGJ 88—92）（后修订为 JGJ 88—2010）实施以来，其结构性能有了较大提高，应用范围越来越广，但规模化的生产体系尚未建立。企业自制和小企业非规模化生产的痕迹较重，产品质量参差不齐，安装、使用以及维修保养存在诸多问题。随着建筑业的飞速发展，对物料提升机的可靠性和安全性提出了越来越高的要求，整机产品的标准化、提升运行的快速化、架体组装的规范化和安全装置的完善性成为今后的发展方向，其性能正在逐步向施工升降机接近。

3.2 物料提升机的类型

3.2.1 按架体结构分类

根据架体的结构形式,可分为龙门架物料提升机和井架物料提升机两大类。

龙门架可配用较大的吊笼,适用较大载重量的场合,一般额定载重量800~2000kg;但因其刚度和稳定性较差,提升高度一般在30m以下。

井架安装拆卸更为方便,配以附墙装置,可在150m以下的高度使用;但受到结构强度及吊笼空间的限制,仅适用于较小载重量的场合,额定载重量一般在1000kg以下。

3.2.2 按吊笼分类

(1)按吊笼数量,物料提升机有单笼和双笼之分。如图3-1所示为单笼物料提升机,单笼龙门架物料提升机由两根立柱和一根天梁组成,吊笼在两立柱间上下运行;单笼井架物料提升机,吊笼位于井架架体的内部或一侧。如图3-2所示为双笼物料提升机,双笼龙门架物料提升机由三根立柱和两根横梁组成一体,两个吊笼分别在立柱的两个空间中做上下运行;双笼井架物料提升机,两个吊笼分别位于井架架体的两侧。

(2)根据吊笼不同位置,可分为内置式或外置式物料提升机。

内置式井架的架体因为有较大的截面供吊笼升降,并且吊笼

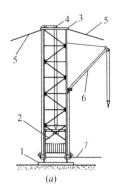
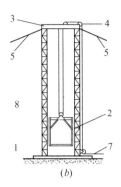

图 3-1 单笼物料提升机

（a）单笼井架物料提升机；（b）单笼龙门架物料提升机；
1—基础；2—吊笼；3—天梁；4—滑轮；5—缆风绳；
6—摇臂拔杆；7—卷扬钢丝绳；8—立柱

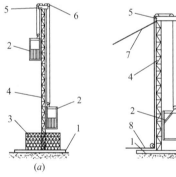
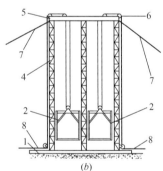

图 3-2 双笼物料提升机

（a）双笼井架物料提升机；（b）双笼龙门架物料提升机
1—基础；2—吊篮；3—防护围栏；4—立柱；5—天梁；
6—滑轮；7—缆风绳；8—卷扬钢丝绳

位于内部，架体受力均衡，因此具有较好的刚度和稳定性。由于进出料处要受缀杆的阻挡，常常需要拆除一些缀杆和腹杆，此时各层面在与通道连接的开口处都须进行局部加固。

外置式井架的进出料较为方便,且能发挥更高的使用效率,但与内置式井架相比,架体的刚度和稳定性较低,而且装拆也较复杂;运行中对架体有较大的偏心载荷,因此对井架架体的材料、结构和安装均有较高的要求,一般可参照升降机的形式,将架体制成标准节,既便于安装又可提高连接强度。

3.2.3 按提升高度分类

按提升高度,物料提升机分为低架式和高架式。提升高度30m以下(含30m)为低架物料提升机,提升高度31~150m为高架物料提升机。

低架物料提升机和高架物料提升机在设计制造、基础、安装和安全装置等方面具有不同的要求。低架物料提升机用于多层建筑,高架物料提升机可用于高层建筑。由于物料提升机只能载货不可载人,而高层建筑施工现场,需解决人员上下问题,故一般使用施工升降机,因而提升高度在80m以上的物料提升机实际上很少使用。

3.3 物料提升机的组成

物料提升机一般由钢结构件、动力和传动机构、电气系统、安全装置和辅助部件五大部分,通过一定的方式组合而成。

3.3.1 钢结构件

目前物料提升机一般均为钢材制成,主要部件包括架体(立柱）、底架、吊笼（吊篮）、导轨和天梁、摇臂把杆等。

(1) 架体

架体是物料提升机最重要的钢结构件，是支承天梁的结构件，承载吊笼的垂直荷载，承担着载物重量，兼有运行导向和整体稳固的功能。龙门架和外置式井架的立柱，其截面可呈矩形、正方形或三角形，截面的大小根据吊笼的布置和受力，经设计计算确定，常采用角钢或钢管，制作成可拼装的杆件，在施工现场再以螺栓或销轴连接成一体，也常焊接成格构式标准节，每个标准节长度为1.5~4m，标准节之间用螺栓或销轴连接，可以互相调换。

采用标准节连接方式的架体，其断面小、用钢量少、安装方便，安装质量容易得到保证，但加工难度和运输成本略高，适合较大批量生产，适用于高架及外置吊笼的机型。使用角钢或钢管杆件拼装连接方式的架体，其安装较为复杂，安装的质量控制难度也较高，但加工难度和运输成本较低，适合单机或小批量生产、适用于低架及内置吊笼的机型。

(2) 底架

架体的底部设有底架（地梁），用于架体（立柱）与基础的连接。

(3) 天梁

天梁是安装在架体顶部的横梁，支承顶端滑轮的结构件。天梁是主要受力构件，承受吊笼自重及物料重量，常用型钢制作，其构件形状和断面大小须经计算确定。当使用槽钢作天梁时，宜使用2根，其规格不得小于[14。天梁的中间一般装有滑轮和固定钢丝绳尾端的销轴。

(4) 吊笼

用作盛放运输物件，可上下运行的笼状或篮状结构件，统称为吊笼。吊笼是供装载物料作上下运行的部件，也是物料提升机中唯一以移动状态工作的钢结构件。吊笼由横梁、侧柱、底板、两侧挡板（围网）、斜拉杆和进出料安全门等组成。常见以型钢和钢板焊接成框架，再铺 50mm 厚木板或焊有防滑钢板作载物底板。安全门及两侧围挡一般用钢网片或钢栅栏制成，高度应不小于 1m，以防物料或装货小车滑落，有的安全门在吊笼运行至高处停靠时，具有高处临边作业的防护作用。对提升高度超过 30m 的高架提升机，吊笼顶部还应设防护顶板，形成吊笼状。吊笼横梁上常装有提升滑轮组，笼体侧面装有导靴。

（5）导靴

安装在吊笼上沿导轨运行的装置，可防止吊笼运行中偏斜和摆动，其形式有滚轮导靴和滑动导靴。

有下列情况之一的，必须采用滚轮导靴：

1）采用摩擦式卷扬机为动力的提升机；

2）架体的立柱兼作导轨的提升机；

3）高架提升机。

（6）导轨

导轨是为吊笼上下运行提供导向的部件。

导轨按滑道的数量和位置，可分为单滑道、双滑道及四角滑道。单滑道即左右各有一根滑道，对称设置于架体两侧；双滑道一般用于龙门架上，左右各设置二根滑道，并间隔相当于立柱单肢间距的宽度，可减少吊笼运行中的晃动；四角滑道用于内置式井架，设置在架体内的四角，可使吊笼较平稳地运行。导轨可采用槽钢、角钢或钢管。标准节连接式的架体，其架体的垂直主弦杆常兼作导轨。杆件拼装连接方式的架体，导轨常用连接板及螺栓连接。

（7）摇臂把杆

摇臂把杆是附设在提升机架体上的起重臂杆。

为解决一些过长、过宽材料物件的垂直运输，摇臂把杆可作

图 3-3 角钢格构式摇臂把杆

为物料提升机附加起重机构安装在提升机架体的一侧。在单肢立杆与水平缀条交接处，安装一根起重臂杆和起重滑轮，并用另一台卷扬机作动力，控制吊钩的升降，由人工拉动溜绳操作转向定位，形成简易的起重机构。摇臂把杆的起重量不应超过 600kg，摇臂把杆的长度不得大于 6m；可选用无缝钢管，其外径不得小于 121mm；也可用角钢焊接成格构形式，如图 3-3 所示，其断面尺寸不得小于 240mm×240mm，单肢角钢不小于 L 30×4。

3.3.2 动力和传动机构

（1）卷扬机

卷扬机是提升物料的动力装置，按传动方式，可分为可逆式和摩擦式两种。

可逆式卷扬机一般由电动机、制动器、减速机和钢丝绳卷筒组成，配以联轴器、轴承座等，固定在钢机架上，如图 3-4 所示。

摩擦式卷扬机也称曳引机，一般由电动机、制动器、减速机和摩擦轮（曳引轮）等组成，配以联轴器、轴承座等，固定在钢机架上，如图 3-5 所示；也有将上述机件组装在一个机体之中

图 3-4 可逆式卷扬机

图 3-5 摩擦式卷扬机

的，如图 3-6 所示。

高架物料提升机不得使用摩擦式卷扬机。

按现行国家标准，建筑卷扬机有慢速（M）、中速（Z）、快速（K）三个系列，建筑施工用物料提升机配套的卷扬机多为快速系列，卷扬机的卷绳线速度或曳引机的节径线速度一般为 30~40m/min，钢丝绳端的牵引力一般在 2000kg 以下。

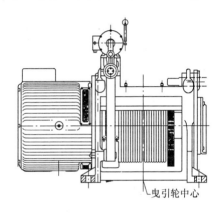

图 3-6 整体式摩擦卷扬机

1）电动机

建筑施工用的物料提升机绝大多数都采用三相交流电动机，功率一般在 2.0~15kW 之间，额定转速为 730~1460r/min。当牵引绳速需要变化时，常采用绕线式转子的可变速电动机，否则均使用鼠笼式转子定速电动机。

2）制动器

根据卷扬机的工作特点，在电动机停止时必须同时使工作机构卷筒也立即停止转动。也就是在失电时制动器须处于制动状态，只有通电时才能松闸，让电动机转动。因此，物料提升机的卷扬机均应采用常闭式制动器。

如图 3-7 所示，为用于卷扬机的常闭式闸瓦制动器，又称为抱鼓制动器或抱闸制动器。不通电时，磁铁无吸力，在主弹簧 4

123

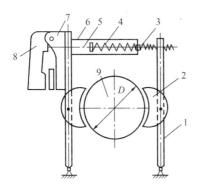

图 3-7 电磁抱闸制动器
1—制动臂；2—制动瓦块；3—副弹簧；
4—主弹簧；5—推杆；6—拉板；
7—电磁铁；8—衔铁；9—制动轮

张力作用下，通过推杆 5 拉紧制动臂 1，推动制动块 2（闸瓦）紧压制动轮 9，处于制动状态；通电时在电磁铁 7 作用下，衔铁 8 顶动推杆 5，克服弹簧 4 的张力，使制动臂拉动制动块 2 松开制动轮 9，处于松闸运行状态。

此类制动器，推杆行程、制动块与制动轮间隙均可调整，要注意二种调整应配合进行，以取得较好效果，制动块与制动轮间隙视制动器型号而异，一般在 0.8～1.5mm 为宜，太小易引起不均匀磨损；太大则影响制动效果甚至滑移或失灵。随着使用时间的延续，制动块的摩擦衬垫会磨耗减薄，应经常检查和调整，当制动块摩擦衬垫磨损达原厚度 50% 时，或制动轮表面磨损达 1.5～2mm 时，应及时更换。

有的摩擦式卷扬机采用电磁盘式制动器，如图 3-8 所示。通常此类制动器的制动盘直接安装在电动机轴上随电动机一起转动，固定盘与电动壳体连接，只能轴向移动，制动盘与鼓动盘之间有摩擦（块）。电机不工作时，固定盘受弹簧的张力，通过摩擦块将制动盘锁死，使之不可旋转，起到常闭制动的效果。当电动机通电时，固定盘侧的电磁铁产生吸力，克服了弹簧的张力，拉动固定盘，摩擦块滑动，松开制动盘，电动机正常运转。这种盘式制动器，制动灵敏，维护调整简单，受气候影响较小，但制造精度和成本略高。

为了减小结构尺寸和获得较好的制动效果，一般制动器应装设在快速轴（输入端）处，因为此端的扭矩最小，制动器可以较小尺寸获得较好的制动效果。

3) 联轴器

在卷扬机上普遍采用了带制动轮弹性套柱销联轴器，由二个半联轴节、橡胶弹性套及带螺母的锥形柱销组成。由于其中的一个半联轴节即为制动轮，故结构紧凑，并具有一定的位移补偿及缓冲性能；当超载或位移过大时，弹性套和柱销会破坏，同时避免了传动轴及半联轴节的破坏，起到了一定的安全保护作用，对中小功率的电动机和减速机连接，有良好的效果，如图3-9所示。该联轴器的弹性套，在补偿位移（调心）过程中极易磨损，必须经常检查和更换。

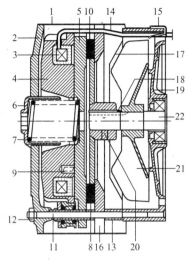

图3-8 电磁盘式制动器

1—防护罩；2—端架；3—磁铁线圈；4—磁铁架；5—衔铁；6—调整轴套；7—制动器弹簧；8—可转制动盘；9—压缩弹簧；10—制动垫片；11—螺栓；12—螺母；13—垫圈；14—线圈电缆；15—电缆夹子；16—固定制动盘；17—风扇罩；18—键；19—电动机后端罩；20—紧定螺钉；21—电动风扇；22—电动机主轴

4) 减速机

减速机的作用是将电动机的旋转速度降低到所需要的转速，同时提高输出扭矩。

最常用的减速机是渐开线斜齿轮减速机，其转动效率高，输入轴和输出轴不在同一个轴线上，体积较大。此外也有用行星齿轮、摆线齿轮或涡轮蜗杆减速机，这类减速机可以在体积较小的空间时，获得较大的传动比。卷扬机的减速机还需要根据输出功率、转速、减速比和输入输出轴的方向位置来确定其形式和规格。

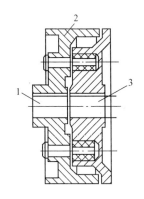

图 3-9 联轴器
1—减速机轴；2—制动轮；
3—电机轴

物料提升机的减速机通常是齿轮传动，多级减速，如图 3-10 所示。

5）钢丝绳卷筒

卷扬机的钢丝绳卷筒（驱动轮）是供缠绕钢丝绳的部件，它的作用是卷绕缠放钢丝绳，传递动力，把旋转运动变为直线运动，也就是将电动机产生的动力传递到钢丝绳、产生牵引力的受力结构件上。

①卷筒种类

卷筒材料一般采用铸铁、铸钢制成，重要的卷筒可采用球墨铸铁，也有用钢板弯卷焊接而成。卷筒表面有光面和开槽两种形式。槽面的卷筒可使钢丝绳排绕整齐，但仅适用于单层卷绕；光面卷筒上的钢丝绳可用于多层卷绕，容绳量增加。

曳引机的钢丝绳驱动轮是依靠摩擦作用将驱动力提供给牵引（起重）钢丝绳的。驱动轮上开有绳槽，钢丝绳绕过绳槽张紧后，驱动轮的牵引动力才能传递给钢丝绳。由于单根钢丝绳产生的摩擦力有限，一般在驱动轮上都有数个绳槽，可容纳多根钢丝绳，获得较大的牵引能力，如图 3-11 所示。

②卷筒容绳量

卷筒容绳量是卷筒容纳钢丝绳长度的数值，它不包括钢丝绳

图 3-10 齿轮减速机

图 3-11 曳引机的驱动轮

安全圈的长度。如图 3-12 所示，对于单层缠绕光面卷筒，卷筒容量（L）见式（3-1）。

$$L = \pi(D+d)(z-z_0) \tag{3-1}$$

式中　d——钢丝绳直径（mm）；

　　　D——光面卷筒直径（mm）；

　　　z——卷绕钢丝绳的总圈数（B/d）；

　　　z_0——安全圈数。

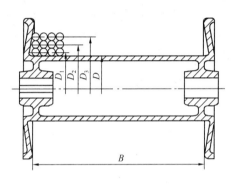

图 3-12　卷筒

对于多层绕卷筒，若每层绕的圈数为 Z，则绕到 n 层时，卷筒容绳量计算见式（3-2）。

$$L = \pi nZ(D+nd) \tag{3-2}$$

（2）钢丝绳

钢丝绳是物料提升机的重要传动部件，物料提升机使用的钢丝绳一般是圆股互捻钢丝绳，即先由一定数量的钢丝按一定螺旋方向（右或左螺旋）绕成股，再由多股围绕着绳芯拧成绳。常用的钢丝绳为 6×19 或 6×37 钢丝绳。

（3）滑轮

通常在物料提升机的底部和天梁上装有导向定滑轮，吊笼顶部装有动滑轮。

物料提升机采用的滑轮通常是铸铁或铸钢制造的。铸铁滑轮的绳槽硬度低，对钢丝绳的磨损小，但脆性大且强度较低，不宜在强烈冲击振动的情况下使用。铸钢滑轮的强度和冲击韧性都较高。滑轮通常支承在固定的心轴上，简单的滑轮可用滑动轴承，大多数起重机的滑轮都采用滚动轴承，滚动轴承的效率较高，装配维修也方便。

滑轮除了结构、材料应符合要求外，滑轮和轮槽的直径，必须与钢丝绳相匹配，直径过小的滑轮将导致钢丝绳早期磨损、断丝和变形等。低架提升机滑轮直径与钢丝绳直径的比率不应小于25，高架提升机滑轮直径与钢丝绳直径的比率不应小于30，使用时应给予充分注意。

滑轮的钢丝绳导入导出处应设置防钢丝绳跳槽装置。物料提升机不得使用开口拉板式滑轮。选用滑轮时应注意卷扬机的额定牵引力、钢丝绳运动速度、吊笼额定载重量和提升速度间正确选择滑轮和钢丝绳的规格。

3.3.3 电气系统

物料提升机的电气系统包括电气控制箱、电器元件、电缆电线及保护系统四个部分，前三部分组成了电气控制系统。

（1）电气控制箱

由于物料提升机的动力机构大多采用卷扬机，对运行状态的控制要求较低，控制线路比较简单，电气元件也较少，许多操纵工作台与控制箱做成一个整体。常见的电气控制箱外壳是用薄钢板经冲压、折卷和封边等工艺做成，也有使用玻璃钢等材料塑造成形的。箱体上有可开启的检修门，箱体内装有各种电器元件，整体式控制箱的面板上设有控制按钮。使用便携操纵盒的，其连接电缆从控制箱引出。有的控制箱还装有摄像监视装置的显示器台架，方便操作人员的观察和控制。电气控制箱应满足以下要求：

1) 如因双笼载物或摇臂把杆吊物的需要配置多台卷扬机的，则应分立设置控制电路，实施"一机一闸一漏"，即每台卷扬机必须单独设置电闸开关和漏电保护开关。

2) 电气控制箱壳体必须完好无损，符合防雨、防晒、防砸和防尘等密封要求。

3) 电气控制箱的高度、位置和方向应方便司机的操作。

4) 固定式电气控制箱必须安装牢靠，电器元件的安装基板必须采用绝缘材料。

5) 电气控制箱必须装有安全锁，避免闲杂人员触摸开启。

（2）电气元件

物料提升机的电气元件可分为功能元件、控制操作元件和保护元件三类。

1) 功能元件

功能元件是将电源送递执行动作的器件。如声光信号器件、制动电磁铁等。

2) 控制操作元件

控制操作元件是提供适当送电方式经功能元件，指令其动作的器件。如继电器（交流接触器）、操纵按钮、紧急断电开关和各类行程开关（上下极限、超载限制器）等。物料提升机禁止使用倒顺开关控制；携带式控制装置应密封、绝缘，控制回路电压不应大于36V，其引线长度不得超过5m。

3) 保护元件

保护元件是保障各元件在电器系统有异常时不受损或停止工作的器件。如短路保护器（熔断器、断路器）、失压保护器、过电流保护器和漏电保护器等。漏电保护器的额定漏电动作电流应不大于30mA，动作时间应小于0.1s。

（3）电缆、电线

1) 接入电源应使用电缆线，宜使用五芯电缆线。架空导线离地面的直接距离、离建筑物或脚手架的安全距离均应大于4m。架空导线不得直接固定在金属支架上，也不得使用金属裸线绑扎。

2) 电控箱内的接线柱应固定牢靠，连线应排列整齐，保持适当间隔；各电器元件、导线与箱壳间以及对地绝缘电阻值，应不小于0.5MΩ。

3) 如采用携带式操纵装置，应使用有橡胶护套绝缘的多股铜芯电缆线，操纵装置的壳体应完好无损，有一定的强度，能耐受跌落等不利的使用条件，电缆引线的长度不得大于5m。

4) 电缆、电线不得有破损、老化，否则应及时更换。

3.3.4 安全装置与辅助部件

物料提升机的安全装置主要包括：安全停靠装置、断绳保护装置、上极限限位器、下极限限位器、紧急断电开关、缓冲器、超载限制器、信号装置和通信装置等。低架提升机应设置安全停靠装置、断绳保护装置、上极限限位器、紧急断电开关和信号装置等安全装置；高架提升机除应设置低架提升机的全部安全装置外，还应设置下极限限位器、缓冲器、超载限制器和通信装置。

物料提升机的辅助部件包括附墙架、地锚和缆风绳等。

3.4 物料提升机的工作原理

施工现场的物料提升机一般用电力作为源动力，通过电能转换成机械能，实现做功，来完成载物运输的过程。可简单表示为：电源⇒电动机转换为机械能⇒减速机改变转速和扭力⇒卷扬机卷筒（或曳引轮）⇒牵引钢丝绳⇒滑轮组改变牵引力的方向和大小⇒吊笼载物升降（或摇杆吊运物料）。

3.4.1 电气控制工作原理

施工现场配电系统将电源输送到物料提升机的电控箱，电控箱内的电路元器件按照控制要求，将电送达卷扬电动机，指令电动机通电运转，将电能转换成所需要的机械能。如图 3-13 所示，为典型的物料提升机卷扬电气系统控制方框图。如图 3-14 所示，为一典型的物料提升机电气原理图，电气原理图中各符号名称见表 3-1。其工作原理如下：

物料提升机电器符号名称　　　　表 3-1

序号	符号	名　　称	序号	符号	名　　称
1	SB	紧急断电开关	9	FU	熔断器
2	SB1	上行按钮	10	XB	制动器
3	SB2	下行按钮	11	M	电动机
4	SB3	停止按钮	12	SA1	超载保护装置
5	K3	相序保护器	13	SA2	上限位开关
6	FR	热继电器	14	SA3	下限位开关
7	KM1	上行交流继电器	15	SA4	门限位开关
8	KM2	下行交流继电器	16	QS	电路总开关

（1）物料提升机采用 380V、50Hz 三相交流电源。由工地配备专用开关箱，接入电源到物料提升机的电气控制箱，L_1、L_2、L_3 为三相电源，N 为零线，PE 接地线。

（2）QS 为电路总开关，采用漏电、过载和短路保护功能的漏电断路器。

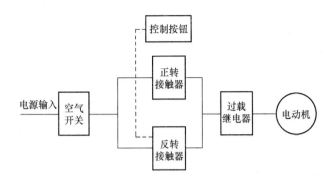

图 3-13 控制方框图

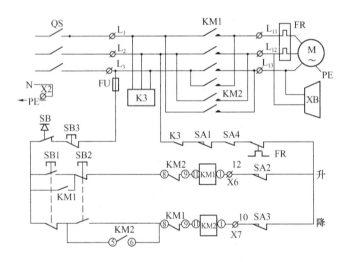

图 3-14 电气原理图

（3）K3 为断相与错相保护继电器，当电源发生断、错相时，能切断控制电路，物料提升机就不能启动或停止运行。

（4）FR 为热继电器，当电动机发热超过一定温度时，热继电器就及时分断主电路，电动机断电停止转动。

（5）上行控制：按 SB1 上行按钮，首先分断对 KM2 连锁（切断下行控制电路）；KM1 线圈通电，KM1 主触头闭合，电动机启动升降机上行。同时 KM1 自锁触头闭合自锁，KM1 连锁触头分断 KM2 连锁（切断下行控制电路）。

（6）下行控制：按 SB2 下行按钮，首先分断对 KM1 连锁（切断上行控制电路）；KM2 线圈通电，KM2 主触头闭合，电动机启动升降机下行。同时 KM2 自锁触头闭合自锁，KM2 联锁触头分断 KM1 联锁（切断上行控制电路）。

（7）停止：按下 SB3 停止按钮，整个控制电路断电，主触头分断，主电动机断电停止转动。

（8）失压保护控制电路：

当按压上升按钮 SB1 时，接触器 KM1 线圈通电，一方面使电机 M 的主电路通电旋转，另一方面与 SB1 并联的 KM1 常开辅助触头吸合，使 KM1 接触器线圈在 SB1 松开时仍然通电吸合，使电机仍然能旋转。

停止电机旋转时可按压停止按钮 SB3，使 KM1 线圈断电，一方面使主电路的 3 个触头断开，电机停止旋转，另一方面 KM1 自锁触头也断开，当将停止按钮松开而恢复接电时，KM1 线圈这时已不能自动通电吸合。这个电路若中途发生停电失压、再来电时不会自动工作，只有当重新按压上升按钮，电机才会工作。

（9）双重联锁控制电路：

电路中在 KM1 线圈电路中串有一个 KM2 的常闭辅助触头；同样，在 KM2 线圈电路中串有一个 KM1 的触闭辅助触头，这是保证不同时通电的联锁电路。如果 KM1 吸合物料提升机在上升时，串在 KM2 电路中的 KM1 常闭辅助触头断开，这时即使按压下降按钮 SB2，KM2 线圈也不会通电工作。上述电路中，不仅 2 个接触器通过常闭辅助触头实现了不同时通电的联锁，同时也利用 2 个按钮 SB1、SB2 的一对常闭触头实现了不能同时通电的联锁。

3.4.2 牵引系统工作原理

电动机通过联轴器与减速机的输入轴相联,由减速机来完成减慢转速,增大扭拒的变换之后,减速机的输出轴与钢丝绳卷筒啮合,驱动卷筒以慢速大扭拒转动,缠卷牵引钢丝绳输出牵引力。当电动机断电时,常闭式制动器产生制动力,锁死电动机轴或减速机输入轴,与之啮合的卷筒同时停止转动,保持静止状态。变速传递路径如图 3-15 所示。

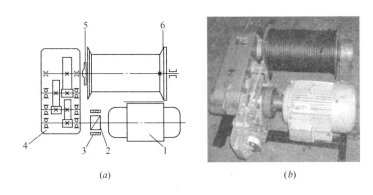

图 3-15　JK 型卷扬机传动
(a) 示意图;(b) 视图
1—电动机;2—联轴器;3—电磁制动器;4—圆柱齿轮减速机;
5—联轴节;6—卷筒

物料提升机的卷扬机一般与架体分别安装在不同位置的基础上,两基础相隔有一定距离,但也有安装在架体底部的。吊笼是沿导轨上下升降成直线运动,把卷扬机产生的旋转扭力改变成直线牵引力,是依靠卷筒缠绕钢丝绳来完成的。如图 3-16 所示,钢丝绳从卷筒引出到达架体时,首先穿过导向滑轮,将水平牵引力改为垂直向上的力,沿架体达到天梁上的导向滑轮，再改为水平走向到天梁的另一导向定滑轮，转为垂直向下至吊笼牵引提升动滑轮，转向后向上固定在天梁上。滑轮与架体、吊笼应采用刚性连接，严禁采用钢丝绳、钢丝等柔性连接，不得使用开口拉板式滑轮。卷筒收卷时，钢丝绳即牵引吊笼上升；卷筒放卷时，吊笼依靠重力下降，完成升降运行过程。

同理，物料提升机的摇臂把杆也是依靠钢丝绳牵引来完成吊物提升的。一般钢丝绳走向方式见图3-17。

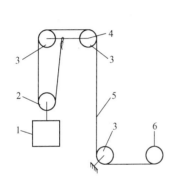

图3-16 物料提升机
牵引示意图

1—吊笼；2—笼顶动滑轮；
3—导向滑轮；4—天梁；
5—钢丝绳；6—卷筒

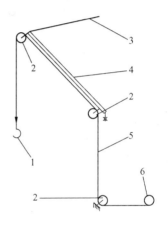

图3-17 摇臂起重拔杆
钢丝绳走向示意图

1—吊钩；2—导向滑轮；3—拔杆缆索；
4—拔杆；5—起重钢丝绳；6—卷筒

曳引式卷扬机与可逆式卷扬机不同，它是依靠钢丝绳与驱动轮之间的摩擦力来传递牵引力的。无论吊笼是否载重其牵引钢丝绳必须张紧，才能对驱动轮有压力，产生足够的摩擦牵引力。因此曳引机通常直接设置在架体的底部，除有吊笼外，还需有对重块来保持张力平衡。当吊笼上升时，对重块下降；吊笼下降时，对重块上升。其钢丝绳穿绕方式见图3-18。

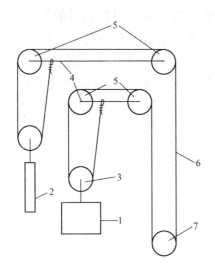

图 3-18 曳引机钢丝绳穿绕示意图
1—吊笼；2—对重块；3—笼顶动滑轮；4—天梁；
5—导向滑轮；6—钢丝绳；7—摩擦驱动轮

3.5 物料提升机的基础与稳固

3.5.1 地基与承载力

物料提升机的基础必须能够承受架体的自重、载运物料的重量以及缆风绳、牵引绳等产生的附加重力和水平力。物料提升机生产厂家的产品说明书一般都提供了典型的基础方案，当现场条件相近时宜直接采用。当制造厂未规定地基承载力要求时，对于低架提升机，应先清理、夯实、整平基础土层，使其承载力不小于 80kPa。在低洼地点的，应在离基础适当距离外，开挖排水沟槽，排除积水。无自然排水条件的，可在基础边设置集水井，使用抽水设备排水。高架提升机的基础应进行设计，计算时应考虑载物、吊具和架体等重力，还必须注意到附加装置和设施产生的附加力，如：安全门、附着杆、钢丝绳，防护设施以及风载荷等产生的影响。当地基承载力不足时，应采取措施，使之达到设计要求。

当基础设置在构筑物上，如在地下室顶板上，屋面构筑在梁、板上时，应验算承载梁板的强度，保证能可靠承受作用在其上的全部荷载。必要时应采取措施，对梁板进行支撑加固。

3.5.2 物料提升机基础

（1）无论是采用厂家典型方案的低架提升机，还是有专门设计方案的高架提升机，基础设置在地面上的，应采用整体混凝土基础。基础内应配置构造钢筋。基础最小尺寸不得小于底架的外廓，厚度不小于300mm，混凝土强度不低于C20。

（2）放置在地面的驱动卷扬机应有适当的基础，不论在卷扬机前后是否有锚桩或绳索固定，均宜用混凝土或水泥砂浆找平，一般厚度不小于200mm，混凝土强度不低于C20，水泥砂浆的强度不低于M20。

（3）保持物料提升机与基坑（沟、槽）边缘5m以上的距离，尽量避免在其近旁进行较大的振动施工作业。如无法避让时，必须有保证架体稳定的措施。

3.5.3 预埋件和锚固件

（1）混凝土基础浇捣前，应根据物料提升机型号和底架的尺寸，设置固定底架、导向滑轮座的钢制预埋件或地脚螺栓等锚固件。预埋件应准确定位，最大水平偏差不得大于10mm，地脚螺栓的规格、数量和材质应符合产品说明书的要求。在混凝土基础上还应设置供防护围栏固定的预埋件。

（2）卷扬机基础也应设置预埋件或锚固的地脚螺栓。由于架体、底座的材质多样，可焊性很难确定，因此固定在预埋件或锚固件上时，不宜直接采用电焊固定，宜用压板、螺栓等方法将架体、底座与预埋件、锚固件连接。

3.5.4 附墙架

为保证物料提升机架体不倾倒，有条件附墙的低架提升机以及所有高架提升机都应采用附墙架稳固架体。附墙架的支撑主杆件应使用刚性材料，不得使用软索。常用的刚性材料有角钢、钢管等型钢。当产品说明书中无详细的规定时，应进行设计计算，并满足强度和稳定性的要求。

当用型钢制作附墙架时，型钢材料的强度不得低于架体。附墙架与架体的连接点，应设置在架体主杆与腹杆的结点处，不得随意向上或向下移位。连接点应使用紧固件将附墙架牢靠固定，不得使用现场焊接等不易控制连接强度和损伤架体的方法。

附墙架应能保证几何结构的稳定性，杆件不得少于三根，形成稳定的三角形状态。各杆件与建筑物连接面处需有适当的分开距离，使之受力良好，杆件与架体中心线夹角一般宜控制在40°左右。内置式井架物料提升机的连接方法如图3-19所示，外置式井架物料提升机连接方法如图3-20所示，龙门架连接方法如图3-21所示。

附墙架与建筑连接应采用预埋件、穿墙螺栓或穿墙管件等方

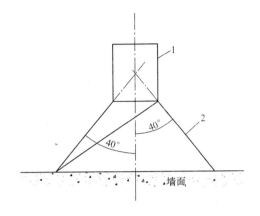

图 3-19 内置式井架附墙连接示意图

1—井架的架体；2—附墙杆

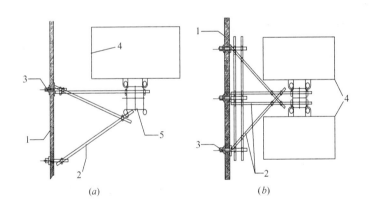

图 3-20 外置式井架物料提升机连接示意图

(a) 单笼附墙；(b) 双笼附墙

1—建筑物；2—附墙杆；3—穿墙螺栓；4—吊笼；5—架体立柱

式。采用紧固件的，应保证有足够的连接强度。不得采用钢丝、铜线绑扎等非刚性连接方式，严禁与建筑脚手架相牵连，附墙架与建筑连接点的构造如图 3-22 所示。

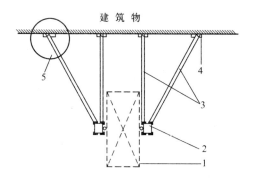

图 3-21 龙门架型钢附墙架与预埋件连接
1—吊笼；2—龙门架立柱；3—附墙架；
4—预埋件；5—节点

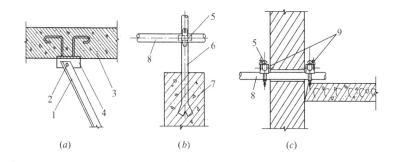

图 3-22 附墙杆与建筑连接点的构造
（a）节点详图；（b）钢管与预埋钢管连接；
（c）架体钢管伸入墙内用横管夹住墙体
1—附墙架杆件；2—连接螺栓；3—建筑物结构；4—预埋件；5—扣件；
6—预埋短管；7—钢筋混凝土梁；8—附墙架杆；9—横管

3.5.5 缆风绳

当受施工现场的条件限制，低架物料提升机无法设置附墙架时，可采用缆风绳稳固架体。缆风绳的上端与架体连接，下端一般与地锚连接，通过适当张紧缆风绳，保持架体垂直和稳定。

高架提升机架体不得采用缆风绳等软索稳固。

缆风绳应使用钢丝绳，不得使用钢丝、钢筋和麻绳等代替。钢丝绳应能承受足够的拉力，选用时应根据现场实际情况计算确定。缆风钢丝绳的直径不得小于 9.3mm，安全系数不得小于3.5。

缆风绳与架体的连接应设置在主位杆与腹杆节点等加强处，应采用护套、连接耳板和卸扣等进行连接，防止架体钢材等棱角对缆风绳造成剪切破坏。

3.5.6 地锚

地锚是提供给架体缆风绳和卷扬机拽引机的锚索钢丝绳的拴固物件。采用缆风绳稳固架体时，应拴固在地锚上，不得拴固在树木、电杆、脚手架和堆放的材料设备上。地锚的形式通常有水平式、桩式和压重式三种。

（1）水平式和桩式地锚

水平式地锚和桩式地锚都是埋入式地锚。设置在土层地下，依靠土的重力和内摩擦力来承受缆风绳或锚索的拉力，地锚的设置应根据土质情况及受力大小经设计计算来确定。地锚一般宜采用水平式地锚，当土质坚实，地锚受力小于 15kN 时，也可选用桩式地锚。桩式地锚的设置形式如图 3-23 所示。

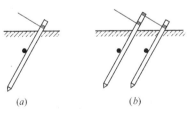

图 3-23　桩式地锚
(a) 单桩地锚；(b) 双桩地锚

当地锚无设计规定时，其规格和形式可按以下情况选用：

1）水平地锚可按表 3-2 选用。

水平地锚参数表 表 3-2

作用载荷（N）	24000	21700	38600	29000	42000	31400	51800	33000
缆风绳水平夹角（°）	45	60	45	60	45	60	45	60
横置木（中 240mm）根数×长度（mm）	1×2500		3×2500		3×3200		3×3300	
埋设深度（m）	1.7		1.7		1.8		2.2	
压板（密排圆木）长（mm）×宽（mm）					800×3200		800×3200	

注：本表系按下列条件确定：木材容许应力 11MPa；填土密度为 1600kg/m²；土层内摩擦角为 45°。

2）桩式地锚

采用木单桩时，圆木直径不小于 20mm，埋深不小于 1.7m，并在桩的前上方和后下方设置两根横挡木。

采用脚手钢管（$\phi 48$）或角钢（L75×6）时，应不少于 2 根且并排设置，间距在 0.5~1.0m 之间，打入深度不小于 1.7m；桩顶部应有缆风绳防滑措施。

（2）压重式地锚

压重式地锚也称重力地锚。当土层不能开挖，无法埋置地锚时，可采用此方法。压重式地锚通常有一钢架底座，底座上设有锚点耳板。缆索绳通过卸扣、耳板拴牢在钢架上。锚固力的大小与底座上的压重多少相关，应通过设计计算。计算时应充分注意钢架底座与地面的摩擦系数，为保证地锚不滑动，压重应大于所需的计算重力，其安全系数 k 不得小于 2。计算简图如图 3-24 所示，计算应同时满足式（3-3）和式（3-4）。

$$g \geqslant \frac{T \times \cos\alpha}{f} \qquad (3-3)$$

$$g \geqslant T \times \sin\alpha \qquad (3-4)$$

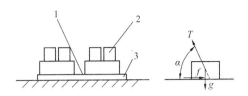

图 3-24 地锚示意图
1—缆风绳；2—压重；3—底架

式中 g——计算重力；

f——钢架底座与地面的摩擦系数；

T——缆风绳（锚索）拉力；

α——缆风绳与地面的夹角。

实际压重 G 应满足式（3-5）的要求：

$$G \geqslant kg \tag{3-5}$$

4 安全装置与防护设施

4.1 安全装置

物料提升机的安全装置包括安全停靠装置、断绳保护装置、上极限限位器、下极限限位器、紧急断电开关、缓冲器、超载限制器、信号装置和通信装置等。低架提升机应设置安全停靠装置、断绳保护装置、上极限限位器、紧急断电开关和信号装置等安全装置；高架提升机除应设置低架提升机的全部安全装置外，还应设置下极限限位器、缓冲器、超载限制器和通信装置。

4.1.1 安全停靠装置

安全停靠装置的主要作用是当吊笼运行到位，出料门打开后，如突然发生钢丝绳断裂，吊笼将可靠地悬挂在架体上，从而起到避免发生吊笼坠落、保护施工人员安全的作用。该安全装置能使吊笼可靠定位，并能承受吊笼自重、额定载荷、装卸物料人员重量及装卸时的工作载荷。此时钢丝绳应不受力，只起保险作用。停靠装置为非标部件，因此其形式不一，有手动机械式，也有弹簧自动及电磁联动式；挂靠吊笼的部件可以是挂钩、锲块，也可以是弹闸、销轴。不论采用何种形式，在吊笼停靠时，都必须保证与架体可靠连接。

（1）插销式楼层安全停靠装置

如图 4-1 所示，为一吊笼内置式井架物料提升机插销式楼层停靠装置。其主要由安装在吊笼两侧的吊笼上部对角线上的悬挂插销、连杆、转动臂和吊笼出料门碰撞块以及安装在井架架体两侧的三角形悬挂支架等组成，工作原理是：当吊笼在某一楼层停靠，打开吊笼出料门时，出料门上的碰撞块推动停靠装置的转动臂，并通过连杆使得插销伸出，悬挂在井架架体上的三角形悬挂支撑架上。当出料门关闭时，连杆驱动插销缩回，从三角形悬挂支撑架上脱离，吊笼可正常升降工作。上述停靠装置，也可不与门联动，在靠出料门一侧，设置把手，在人上吊笼前，拨动把手，把手推动连杆，使插销伸出，挂在架体上。当人员出来，恢复把手位置，插销缩进。

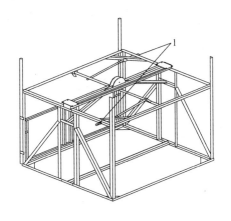

图 4-1　插销式楼层停靠装置示意图

1—插销

该装置在使用中应注意：吊笼下降时必须完全将出料门关闭后才能下降，同样吊笼停靠时必须将门完全打开后，才能保证停靠装置插销完全伸出使吊笼与架体可靠连接。

（2）牵引式楼层安全停靠装置

牵引式楼层停靠装置的工作原理是利用断绳保护装置作为停

145

靠装置,当吊笼出料门打开时,出料门上的碰撞块推动停靠装置的转动臂并通过断绳保护装置的滚轮悬挂板上的钢丝绳牵引带动楔块夹紧在导轨架上,以防止吊笼坠落。它的特点是不需要在架体上安装停靠支架,其缺点是当吊笼的连锁门开启不到位或拉索断裂时,易造成停靠失效,因此使用时,应特别注意停靠制动的有效性,工作原理参见图4-2。

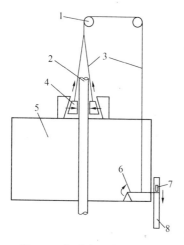

图 4-2 牵引式层楼停靠装置

1—导向滑轮;2—导轨;3—位索;
4—楔块抱闸;5—吊篮;6—转动臂;
7—碰撞块;8—出料门

(3) 连锁式楼层安全停靠装置

如图4-3所示,为一连锁式楼层安全停靠装置示意图,其工作原理是当吊笼到达指定楼层,工作人员进入吊笼之前,要开启上下推拉的出料门。吊笼出料向上提升时,吊笼门平衡重1下降,拐臂杆2随之向下摆,带动拐臂4绕转轴3顺时针旋转,随

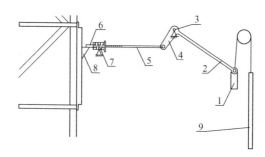

图 4-3 连锁式楼层安全停靠装置示意图

1—吊笼门平衡重;2—拐臂杆;3—转轴;4—拐臂;
5—拉线;6—插销;7—压簧;8—横担;9—吊笼门

之放松拉线 5，插销 6 在压簧 7 的作用下伸出，挂靠在架体的停靠横担 8 上。吊笼升降之前，必须关闭出料门，门向下运动，吊笼门平衡重 1 上升，顶起拐臂杆 2，带动拐臂 4 绕转轴 3 逆时针旋转，随之拉紧拉线 5，拉线将插销从横担 8 上抽回并压缩压簧 7，吊笼便可自由升降。

4.1.2 断绳保护装置

断绳保护装置又称为防坠安全装置。当钢丝绳突然断裂或钢丝绳尾部的固定松脱，该装置能立刻动作，使吊笼可靠停住并固定在架体上，阻止吊笼坠落。防坠安全装置的形式较多，从简易到复杂有一个逐步完善的发展过程。20 世纪 80 年代以前，多采用的有弹闸、杠杆挂钩等简易瞬时式防坠装置，冲击力较大，易对架体缀杆和吊笼造成损伤。为改变这种弊病，逐步出现了夹钳式、楔块抱闸式和旋撑制动式等较复杂渐进式防坠装置，吊笼在坠落过程中依靠偏心轮、斜楔或旋撑杆的作用，逐渐接近架体上的导轨，直至摩擦构件压紧导轨并锁住，使吊笼牢靠地固定在导轨即架体上。因锁紧作用的发生有一个延时的过程，冲击力衰减，对架体和吊笼损伤较小。采用此类防坠装置必须保证摩擦锁紧效果，注意保持导轨和偏心轮、斜楔或旋撑杆的清洁，尤其锁紧面不得沾有油污。

任何形式的防坠安全装置，当断绳或固定松脱时，吊笼锁住前的最大滑行距离，在满载情况下，不得超过 1m。

（1）弹闸式防坠装置

如图 4-4 所示，为一弹闸式防坠装置，其工作原理是：当起升钢丝绳 4 断裂，弹闸拉索 5 失去张力，弹簧 3 推动弹闸销轴 2 向外移动，使销轴 2 卡在架体缀杆 6 上，瞬间阻止吊笼坠落。该装置在作用时对架体缀杆和吊笼产生较大的冲击力，易造成架体

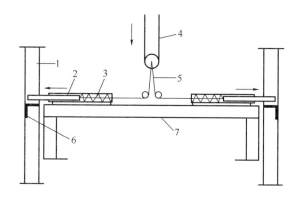

图 4-4 弹闸式防坠装置示意图
1—架体；2—弹闸；3—弹簧；4—起升钢丝绳；
5—弹闸拉索；6—架体横缀杆；7—吊笼横梁

缀杆和吊笼损伤。

（2）夹钳式断绳保护装置

夹钳式断绳保护装置的防坠制动工作原理是：当起升钢丝绳突然发生断裂，吊笼处于坠落状态时，吊笼顶部带有滑轮的平衡梁在吊笼两端长孔耳板内由于自重作用下移时，此时防坠装置的一对制动夹钳在弹簧力的推动下，迅速夹紧在导轨架上，从而避免了吊笼坠落。当吊笼在正常升降时，由于滑轮平衡梁在吊笼两侧长孔耳板内抬升上移并通过拉环使得防坠装置的弹簧受到压缩，制动夹钳脱离导轨，工作原理参见图 4-5。

（3）拨杆楔形断绳保护装置

如图 4-6 所示，为一拨杆楔形断绳保护装置。工作原理是当吊笼起升钢丝绳发生意外断裂时，滑轮 1 失去钢丝绳的牵引，在自重和拉簧 2 的作用下，沿耳板 3 的竖向槽下落，传力钢丝绳 4 松弛，在拉簧 2 的作用下，摆杆 6 绕转轴 7 转动，带动拨杆 8 偏转，拨杆上挑，通过拨销 9 带动楔块 10 向上，在锥度斜面的作用下抱紧架体导轨，使吊笼迅速有效制动，防止吊笼坠落事故发

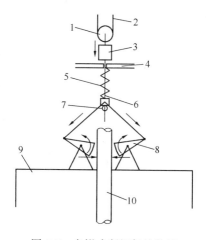

图 4-5 夹钳式断绳保护装置
1—提升滑轮；2—提升钢丝绳；3—平衡梁；4—防坠器架体
（固定在吊篮上）；5—弹簧；6—拉索；7—拉环；8—制动夹钳；
9—吊篮；10—导轨

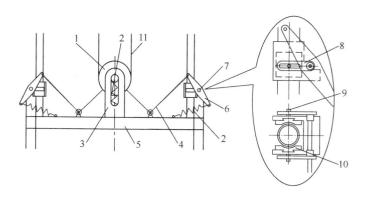

图 4-6 拨杆楔形断绳保护装置
1—滑轮；2—拉簧；3—耳板；4—传力钢丝绳；5—吊笼；
6—摆杆；7—转轴；8—拨杆；9—拨销；10—楔块；11—起升钢丝绳

生。正常工作时则相反，吊笼钢丝绳提起滑轮1，绷紧传力钢丝绳4，在传力钢丝绳4的拉力下，摆杆6绕转轴7转动，带动拨

149

杆 8 反向偏转，拨杆下压，通过拨销 9、带动楔块 10 向下，在锥度斜面的作用下，使楔块与架体导轨松开。

（4）旋撑制动保护装置

如图 4-7 所示，旋撑制动保护装置具有一浮动支座，支座的两侧分别由旋转轴固定两套撑杆、摩擦制动块、拨叉、支杆、弹簧和拉索等组成。其工作原理是，该装置在使用时，两摩擦制动块置于提升机导轨的两侧。当提升机钢丝绳 6 断裂时，拉索 4 松弛，弹簧拉动拨叉 2 旋转，提起撑杆 7，带动两摩擦块向上并向导轨方向运动，卡紧在导轨上，使浮动支座停止下滑，进而阻止吊笼向下坠落。

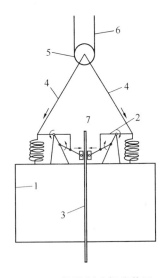

图 4-7　旋撑制动保护装置
1—吊笼；2—拨叉；3—导轨；
4—拉索；5—吊笼提升动滑轮；
6—提升机钢丝绳；7—撑杆

（5）惯性楔块断绳保护装置

该装置主要由悬挂弹簧、导向轮悬挂板、楔形制动块、制动架、调节螺栓和支座等组成。防坠装置分别安装在吊篮顶部两侧。该断绳保护装置的帽动工作原理主要是通过利用惯性原理来使得防坠装置的制动块在吊笼突然发生钢丝绳断裂下坠时能紧紧夹在导轨架上。当吊篮在正常升降时，导向轮悬挂板悬挂在悬挂弹簧上，此时弹簧处于压缩状态，同时楔形制动块与导轨架自动处于脱离状态。当吊篮起升钢丝绳突然断裂时，由于导向轮悬挂板突然发生失重，原来受压的弹簧突然释放，导向轮悬挂板在弹簧力的推动作用下向上运动，带动楔形制动块紧紧夹在导轨架上，从而避免发生吊篮的坠落，工作原理和外观参见图 4-8。

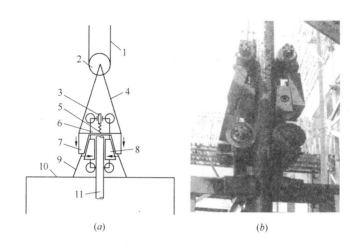

图 4-8 惯性楔块断绳保护装置
（a）防坠工作原理；(b) 外观实物照片
1—提升钢丝绳；2—吊篮提升动滑轮；3—调节螺栓；
4—拉索；5—悬挂弹簧；6—导向轮悬挂板；7—制动架；
8—楔形制动块；9—支座；10—吊篮；11—导轨

4.1.3 限位限载装置

（1）上极限限位器

为防止操作人员误操作或机电故障引起的吊笼上升时的失控，应在吊笼允许提升的最高工作位置，设置限位装置，一般由可自动复位的行程开关和撞铁组成；也可以在卷扬机的钢丝绳卷筒轴端设置限位开关。当吊笼达到极限位置时即自行切断电源（指可逆卷扬机），此时吊笼只能下降，不能上升。该极限位置应在吊笼顶的最高处离天梁最低处距离不小于3m的地方，该距离称为吊笼的越程距离。

（2）下极限限位器

为防止吊笼下降时超越最低的极限位置，造成意外事故，在吊笼允许达到的最低规定位置处设置该装置，和上极限限位器类同，一般也由可自动复位的行程开关和撞铁组成，当吊笼达到极限位置时，应在吊笼碰到缓冲器前即动作并自行切断电源，此时吊笼只能上升，不能下降。

（3）超载限制器

超载限制器是高架物料提升机重要的安全装置。当起升载荷超过额定载荷时，该装置能输出电信号，切断起升控制回路，并能发出警报，达到防止物料提升机超载的目的。常用的超载限制器有机械式和电控式两种。机械式超载限制器的主要传感元件为触板和弹簧，触板随载荷增大而变形，达到一定程度时克服弹簧的弹力，触动行程开关切断起升电源，吊笼不能上升，只有卸载到额定载重量后才能通电启动；电控式超载限制器通过限载传感器和传输电缆，将载重量变换成电信号，超载时切断起升控制回路电源，在卸荷到额定值时才恢复通电，方能启动。超载限制器应在荷载达到额定荷载的90%时，即发出警报，以引起司机和运料人员的注意，超过额定荷载时即切断起升电源。

（4）紧急断电开关

简称急停开关，应装在司机容易控制的位置，采用非自动复位的红色按钮开关。在紧急情况下，能及时切断电源。排除故障后，必须人工复位，以免误动作，确保安全。

（5）缓冲器

为缓解吊笼超过最低极限位置或意外下坠时产生的冲击，在架体底部设置的一种弹性装置，可采用螺旋弹簧、钢板锥卷弹簧或弹性实体如橡胶等。该装置应在吊笼以额定载荷和速度作用其上时，承受并吸收所产生的冲击力。

4.1.4 信号通信装置

(1) 信号装置

信号装置是一种由司机控制的音响或灯光显示装置,能足以使各层装卸物料的人员清晰听到或看到。常见的是在架体或吊笼上装设警铃或蜂鸣器,由司机操作鸣响开关,通知有关人员吊笼的运行状况。

(2) 通信装置

因架体较高,吊笼停靠楼层较多时,司机看不清作业及指挥人员信号,应加设电气通信装置,该装置必须是一个闭路双向通信系统,司机能与每楼层通话联系。一般是在楼层上装置呼叫按钮,由装卸物料的人员使用,司机可以清晰地了解使用者的需求,并通过音响装置给予回复。

4.2 防护设施

4.2.1 安全门与防护棚

(1) 底层围栏和安全门

为防止物料提升机的作业区周围闲杂人员进入,或散落物坠落伤人,在底层应设置不低于1.5m高的围栏,并在进料口设置安全门。

(2) 层楼通道口安全门

为避免施工作业人员进入运料通道时不慎坠落,宜在每层楼通道口设置常闭状态的安全门或栏杆,只有在吊笼运行到位时才能打开。宜采用联锁装置的形式,门或栏杆的强度应能承受1kN(100kg左右)的水平荷载。

(3)上料口防护棚

物料提升机的进料口是运料人员经常出入和停留的地方,吊笼在运行过程中有可能发生坠物伤人事故,因此在地面进料口搭设防护棚十分必要。应根据吊笼运行高度、坠物坠落半径,搭设防护棚。

(4)警示标志

图4-9 禁止乘人标志

物料提升机进料口应悬挂严禁乘人标志(图4-9)和限载警示标志。

4.2.2 电气防护

物料提升机应当采用TN-S接零保护系统,也就是工作零线(N线)与保护零线(PE线)分开设置的接零保护系统。

(1)提升机的金属结构及所有电气设备的金属外壳应接地,其接地电阻不应大于10Ω。

(2)若在相邻建筑物、构筑物的防雷装置保护范围以外的物料提升机应安装防雷装置。

1)防雷装置的冲击接地电阻值不得大于30Ω。

2)接闪器(避雷针)可采用长1~2m、ϕ16镀锌圆钢。

3)提升机的架体可作为防雷装置的引下线,但必须有可靠的电气连接。

(3)做防雷接地物料提升机上的电气设备,所连接的PE线必须同时做重复接地。

(4)同一台物料提升机的重复接地和防雷接地可共用同一接

地体，但接地电阻应符合重复接地电阻值的要求。

（5）接地体可分为自然接地体和人工接地体两种。

1）自然接地体是指原已埋入地下并可兼作接地用的金属物体。如原已埋入地中的直接与地接触的钢筋混凝土基础中的钢筋结构、金属井管和非燃气金属管道等，均可作为自然接地体。利用自然接地体，应保证其电气连接和热稳定。

2）人工接地体是指人为埋入地中直接与地接触的金属物体。用作人工接地体的金属材料通常可以采用圆钢、钢管、角钢、扁钢及其焊接件，但不得采用螺纹钢和铝材。

5 物料提升机的安装与拆卸

5.1 物料提升机的安装

5.1.1 安装作业前的准备

(1) 查验物料提升机的出厂产品合格证,检验报告、特种设备制造许可证及随机资料。

(2) 应根据现场工作条件及设备情况,编制专项施工方案并经过审批。方案内容应包括工程概况、设备性能参数、人员配备情况、现场条件及要求、安装用工具设备、安装质量和安全的保证措施、安装的工期。

(3) 根据说明书对基础的要求,进行基础施工技术交底,做好基础混凝土浇筑。

(4) 根据方案对全体作业人员进行安全技术交底,明确人员分工,确定指挥、专职安全员、技术负责人。所有特种作业人员均应持证上岗操作。

(5) 进入现场须带好安全防护用品。

(6) 确定安全警戒区,设置安全警示绳、警告牌,指定监护人员。

5.1.2 安装作业前的检查

(1) 物料提升机的周围环境是否存在影响安装和使用的不安全因素。

(2) 基础位置和做法是否符合要求。

(3) 地锚的位置、附墙架连接埋件的位置是否正确和埋设牢靠。

(4) 现场的电源供应设施是否符合要求。

(5) 架体、吊笼、天梁、摇臂把杆和附墙架等结构件是否成套和完好。

(6) 提升机构是否完整良好,其拟安装位置是否符合要求。

(7) 电气设备是否齐全可靠。

(8) 安全装置是否齐全完好可靠。

(9) 物料提升机的架体和缆风绳的位置是否靠近或跨越架空输电线路。必须靠近时,应保证最小安全距离,并应采取安全防护措施。与架空输电导线的安全距离,见表5-1。

物料提升机与架空输电导线的安全距离 表5-1

线路电压 (kV)	1以下	1～10	35～110	154～220	330～500
最小安全距离 (m)	4	6	8	10	15

5.1.3 安装作业注意事项

(1) 提升机架体的实际安装高度不得超过设计所允许的最大高度。

(2) 服从工程总承包单位的管理。

(3) 严格按照安装工艺顺序进行作业。

（4）四级风以上及大雪、暴雨等应暂停安装；中途停止安装时，要采取可靠的临时稳固措施。

（5）安装作业宜在白天进行，如需夜间作业，应有足够的照明。

5.1.4 安装的顺序

一般情况下，物料提升机的安装按如下顺序进行：

（1）地梁（底架）安装于基础上，紧固基础预埋螺栓。

（2）将接地体打入土层，连接保护接地。

（3）组装架体构件。现场条件许可时，架体构件尽量在地面组装。

（4）安装架体标准节，每安装二个标准节（一般不大于8m），应采取临时支撑或临时缆风绳固定，同时初步校正垂直度；固定处节点不得采用铅丝绑扎等柔性连接，在确定稳定后方可继续作业。

（5）安装龙门架时，两边立柱应交替进行，每安装二节除将单肢立柱固定外，还须将二个立柱横向连成一体。

（6）根据生产厂家产品说明书的要求，安装首道附墙架。

（7）安装到预定高度时，作架体垂直度的最后校正，再次紧固地脚螺栓及附墙连接螺栓或调紧缆风绳后，方可松开吊索具和吊钩。

（8）安装天梁及滑轮、底架导向滑轮。

（9）安装卷扬机。

（10）安装吊笼。

（11）安装各种安全装置。

（12）内置式物料提升机，在各层楼通道接口的架体开口处，须局部加强。

（13）需要时，安装摇臂把杆及保险绳、超高限位等。

（14）穿钢丝绳，敷设电线电缆，接入电源。

（15）进行空载试验。

（16）对导轨、导靴（导轮）、制动器、安全装置、通信信号装置等调试。

（17）搭设卷扬机操作棚、上料口防护棚、底层围护、层楼通道安全门。

5.1.5 安装的要求

（1）基础

1）基础混凝土强度达到设计强度的75％以上。

2）物料提升机的基础应符合生产厂家规定，水平偏差不应大于10mm。

3）基础应有排水措施，在基础边缘5m范围内如开挖沟槽或有较大振动的施工时，必须有架体的稳定措施。

（2）架体安装

1）架体安装的垂直度偏差，不应超过架体高度的3/1000（新制作的提升机架体不应超过1.5/1000），并不得超过200mm。安装时首先应将底座找平，可使用水平仪测量底座与架体连接面的高差，控制在1/1000以内，当超出时一般可用专用钢垫片调整底座，垫片数量为一到二片，不宜过多，并与底座固定为一体。

2）井架截面内两对角线长度公差，不得超过最大边长名义尺寸的3/1000，如图5-1所示。

3）导轨节点截面错位不应大于1.5mm。

4）按设备使用说明书要求调整吊笼导靴与导轨的安装间隙，说明书没有明确要求的，可控制在5～10mm以内。

5）内置式吊笼的架体，在各层楼通道进出料接口处，开口后应局部加强。

6）架体搭设时，采用螺栓连接的构件，不得采用M10以下的螺栓，每一杆件的节点及接头的一边螺栓数量不少于2个，不得漏装或以钢丝等代替。

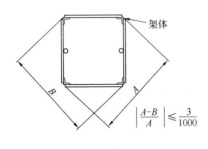

图5-1 测量架体对角线偏差示意图

7）架体底座应安装在地脚螺栓上，并用双螺母固定。

8）架体顶部自由端不得大于6m。

（3）地锚和缆风绳

1）地锚应按照专项方案确定的形式和要求设置。

2）地锚埋设点，地面要平整无坑洼，不积水、不潮湿；锚点前方不得有地沟、电缆、地下管道等。地锚的位置应满足缆风绳的设置要求。

3）缆风绳数量按架体高度确定，20m以下不少于一组（4～8根）；21m至30m不少于二组。缆风绳应在架体四角有横向缀条的同一水平面上对称布置。

4）龙门架的缆风绳应设在顶部，若中间设置临时缆风绳时，应将两立柱做横向连接。

5）缆风绳应在架体四角有横向缀件的同一水面上对称设置，与架体连接处，应采取措施，避免架体钢材对钢丝绳的磨切破坏。

6）缆风绳与地面的夹角应控制在45°～60°之内；垂度（拉紧程度）不大于长度的1%。

7）地锚处与钢丝绳连接的花篮螺栓，规格应和钢丝绳拉力相适应；调节时应对角进行，不得在相邻两角同时进行。

8）每根缆风绳不宜用短绳接长使用，无法避免时，接头必须按起重作业有关标准连接牢靠。

9）在安装、拆除以及使用提升机的过程中设置的临时缆风绳，其材料也必须使用钢丝绳，严禁使用钢丝、钢筋、麻绳等代替。

10）缆风绳不得穿越高压输电线。

（4）附墙架安装要求

1）附墙架与架体及建筑物之间，应采用刚性连接，并形成稳定结构，但不得直接焊接于架体上。

2）附墙架的设置应符合设计要求，其间隔一般不超过9m，且在建筑物顶层必须设置一组。

3）最后一组附墙架，应使其上的架体至顶部的自由高度，不大于6m。

（5）提升机构（卷扬机）

1）安装位置必须视野良好，施工中的建筑物、脚手架及堆放的材料、构件都不能影响司机操作对升降全过程的监视。应尽量远离危险作业区域，选择较高地势处。因施工条件限制，卷扬机安装位置距施工作业区较近时，其操作棚的顶部其材料强度应能承受10kPa的均布静荷载。也可采用50mm厚木板架设或采用两层竹笆，上下竹笆层间距应不小于600mm。

2）卷扬机地基须坚固，便于地锚埋设；机座要固结牢靠，前沿应打桩锁住，防止移动倾翻；不得以树木、电杆代替锚桩。

3）底架导向滑轮的中心应与卷筒宽度中心对正，并与卷筒轴线垂直，否则要设置过渡导向滑轮，垂直度允许偏差（排绳角）为60°。卷筒轴线与到第一导向滑轮的距离，对带槽卷筒应大于卷筒宽度的15倍；对无槽卷筒应大于卷筒宽度的20倍。

4）卷筒在钢丝绳满绕时，凸缘边至最外层距离不得小于钢丝绳直径的2倍；放出全部工作钢丝绳后（吊笼处于最底工作位置时），卷筒上余留的钢丝绳应不少于3圈。

5) 钢丝绳与卷筒的固结应牢靠有闩紧措施；与天梁的连接应可靠。

6) 钢丝绳不得与机架或地面摩擦，通过道路时应设过路保护装置。

7) 卷筒和各滑轮均要设置防钢丝绳跳槽装置；滑轮必须与架体（或吊笼）刚性连接。

8) 钢丝绳在卷筒上应排列整齐，有叠绕或斜绕时，应重新排列。

9) 提升用钢丝绳的安全系数 $K \geqslant 6$。

10) 钢丝绳绳夹应与钢丝绳匹配，不得少于三个，绳夹要一顺排列，不得正反交错，间距不小于钢丝绳直径的6倍，U形环部分应卡在绳头一侧，压板放在受力绳的一侧。

11) 制动器推杆行程范围内不得有障碍物或卡阻，制动器应设置防护罩。

（6）摇臂把杆的安装要求：

1) 把杆不得装在架体自由端处。

2) 把杆底座应安装在单肢立柱与水平缀条交接处，并要高出工作面，其顶部不得高出架体。

3) 把杆应安装保险绳，起重吊钩应设置高度限位装置。

4) 把杆与水平面夹角应在 $45°\sim70°$ 之间，转向时不得碰到缆风绳。

5) 随着工作面升高需要重新安装把杆时，其下方的其他作业应暂时停止。

（7）曳引机的对重

对重各组件安装应牢固可靠，升降通道周围应设置不低于1.5m 的防护围栏，其运行区域与建筑物及其他设施间应保证有足够的安全距离。

（8）电气

1）禁止使用倒顺开关作为卷扬机的控制开关。

2）金属结构及所有电气设备的外壳应有可靠接地，其接地电阻不应大于10Ω。

（9）安全装置及防护设施

1）安全停靠装置及防坠安全装置必须安装可靠、动作灵敏、试验有效。

2）吊笼应前后安装安全门，开启灵活、关闭可靠。

3）上极限限位器，越程不得小于3m，灵活有效；高架提升机须装下极限限位器，并在吊笼碰到缓冲器前即动作。

4）紧急断电开关应安装在司机方便操作的地方，选用非自动复位的形式。

5）高架物料提升机的缓冲、超载限制、下极限限位、闭路双向通信等装置可靠、有效。

6）底层设置安全围栏和安全门，围栏应围成一圈，有一定强度和刚度，能承受1kN/m的水平荷载，高度不低于1.5m，对重应设置在围栏内；围栏安全门应与吊笼有机械或电气联锁。

7）各层楼通道（接料平台），应脱离脚手架单独搭设，上、下防护栏杆高度分别不低于1.2m和0.6m；栏杆内侧应有防坠落密目网和竹笆围挡；安全门高度不低于1.5m，应为常闭状态，吊笼到位才能打开。

8）上（进）料口防护棚必须独立搭设，严禁利用架体作支撑搭设，其宽度应大于物料提升机的最外部尺寸；低架提升机的防护棚长度应大于3m，高架提升机的防护棚长度应大于5m；顶部可采用50mm厚木板或两层竹笆，上下竹笆层间距应不小于600mm。

9）进料口应设置限载重量标识。

10）若在相邻建筑物、构筑物的防雷装置保护范围以外的物料提升机应安装防雷装置。

5.2 物料提升机的调试和验收

5.2.1 调试

物料提升机的调试是安装工作的重要组成部分和不可缺少的程序，也是安全使用的保证措施。调试应包括调整和试验两方面内容。调整须在反复试验中进行，试验后一般也要进行多次调整，直至符合要求。物料提升机的调试主要有以下几项：

(1) 卷扬机制动器的调试

卷扬机一般都采用电磁铁闸瓦（块式）制动器，影响制动效果的因素主要是主弹簧的张力及制动块与制动轮的间隙。提升机安装后，应进行制动试验，吊笼在额定载荷运行制动时如有下滑现象，就应调整制动器。因调整主弹簧的张力同时也影响推杆行程及制动块间隙，因此可对两个调整螺钉同时进行调整；调整间隙应根据产品不同型号及说明书要求进行，无资料时，间隙一般可控制在 0.8~1.5mm 之间。调整后必须进行额定载荷下的制动试验。

(2) 架体垂直度的调整

架体垂直度的调整应在架体安装过程中按不同高度分别进行，每安装两个标准节时应设置临时支撑或缆风绳，此时即进行架体的垂直度校正；安装相应高度附墙架或缆风绳时再进行微量调整，安装达预定高度后进行垂直度复测。

垂直度测量时，先将吊笼下降至地面，使用线锤或经纬仪从吊笼垂直于长度方向（X 向）与平行于吊笼长度方向（Y 向）分别测量架体的垂直度，重复 3 次取平均值，并做记录，安装垂直度偏差应保持在 3/1000 以内,且不得大 200mm。

（3）导靴与导轨间隙的调整

在吊笼就位穿绕钢丝绳后,开动卷扬机,使吊笼离地 0.5m 以下,按设备使用说明书要求调整导靴与导轨间隙。说明书没有明确要求的,可控制在 5~10mm 以内。

（4）缆风绳垂度的调整

为保证缆风绳的足够张拉程度,以利架体的稳固,应在缆风绳安装时及时调紧。缆风绳的垂度（钢丝绳在自重下,与张紧后理想直线间的偏移距离）不应大于缆风绳长度的 1%。

由于现场条件的限制,很难精确测量,可在花篮螺栓调紧时用手感掌握,也可采用以下近似测量方法,参见图 5-2。由于缆风绳的安装高度"H"较高,精确测量比较困难,可用标准节高度计算。任选钢丝绳的一个测点 A（2~3m 高即可）,用重锤找出地面的垂足 N 点,测量出 h 大小和 M、N 二点的高差;分别量出锚桩点至 M 和 N 点的距离"B"及"b"。

根据三角形相似原理,有以下几何关系式: $\dfrac{H}{h}=\dfrac{B}{b}$; 考虑高

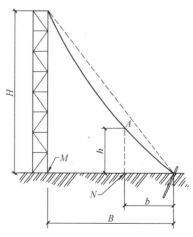

图 5-2　近似测量缆风绳垂度示意图

差因素和垂度要求，"h"值应符合式（5-1）关系式，如下：

$$h \geqslant (1-0.01) \times \left(\frac{H \times b}{B} \pm \Delta\right) \quad (5\text{-}1)$$

（N 点比 M 点高，取"—"号运算。）

（5）上、下极限限位的调试

上极限限位的位置应满足 3m 的越程距离；高架提升机的下极限限位，应在吊笼碰到缓冲器前就动作，否则应调整行程开关或撞铁的位置。安装和调整后要进行运行试验，直至符合要求。

（6）断绳保护装置调试

对渐进式（楔块抱闸式）的安全装置，可进行坠落试验。试验时将吊笼降至地面，先检查安全装置的间隙和摩擦面清洁情况，符合要求后按额定载重量在吊笼内均匀放置；将吊笼升至 3m 左右，利用停靠装置将吊笼挂在架体上，放松提升钢丝绳 1.5m 左右，松开停靠装置，摸拟吊笼坠落，吊笼应在 1m 距离内可靠停住。超过 1m 时，应在吊笼降地后调整楔块间隙，重复上述过程，直至符合要求。

（7）超载限制器调试

将吊笼降至离地面 200mm 处，逐步加载，当载荷达到额定载荷 90% 时应能报警；继续加载，在超过额定载荷时，即自动切断电源，吊笼不能启动。如不符合上述要求，应通过调节螺栓螺母改变弹簧的预压缩量来进行调整。

（8）电气装置调试

升降按钮、急停开关应可靠有效，漏电保护器应灵敏，接地防雷装置可靠。

5.2.2 自检

物料提升机安装完毕，应当按照安全技术标准及安装使用说明书的有关要求对物料提升机钢结构件、提升机构、附墙架或缆风绳、安全装置和电气系统等进行自检,自检的主要内容与要求见表 5-2。

物料提升机安装检验内容　　　　表 5-2

检查项目	序号	检查内容	要求	结果
架体	1	架体外观	无可见裂纹、严重变形和锈蚀	
	2	螺栓连接件	齐全、可靠	
	3	连接销轴	齐全、可靠	
	4	垂直度	偏差值不大于 3/1000,且不大于 200mm	
	5	吊笼导轨	导轨无明显变形、接缝无明显错位、吊笼运行无卡阻,导轨接点截面错位不大于 1.5mm	
	6	架体开口处	须有效加固	
	7	底架与基础的连接	应可靠	
吊笼	8	吊笼外观	无可见裂纹、严重变形和锈蚀	
	9	底板	应牢固、无破损	
	10	安全门	应灵活、可靠	
	11	周围挡板、网片	高度不小于 1m,且安全、可靠	
附着装置或缆风绳	12	附着装置连接	符合设计或说明书要求,且不能与脚手架等临时设施相连	
	13	附着装置间距	应符合说明书要求,且应不大于 9m	
	14	附墙后自由端高度	应符合说明书要求,且应不大于 6m	
	15	缆风绳安装	应符合说明书要求,且地夹角应不大于 60°	
	16	缆风绳直径	应符合说明书要求,且应不小于 9.3mm	
	17	缆风绳数量	提升机高度 20m 及以下时,不少于 1 组 4 根;大于 20m 时,不少于 2 组 8 根	

续表

检查项目	序号	检查内容	要求	结果
提升机构	18	卷扬机生产制造许可证、产品合格证	齐全、有效	
	19	钢丝绳完好度	应完好,达到报废标准的应报废	
	20	钢丝绳尾部固定	有防松性能、符合设计要求	
	21	卷筒排绳	应整齐、容绳量能满足	
	22	钢丝绳在卷筒上最少余留圈数	不小于3圈	
	23	卷筒两侧边缘的高度	超过最外层钢丝绳高度应不小于2倍钢丝绳直径	
	24	滑轮直径	应与钢丝绳匹配,低架$D \geqslant 25d$,高架$D \geqslant 30d$	
	25	机架固定	应锚固可靠	
	26	联轴器	应工作可靠	
	27	制动器	有效、可靠	
	28	控制盒	按钮式应点动控制,手柄式应有零位保护;并均有急停开关,采用安全电压	
	29	操作棚	有防雨、防砸等防护功能,视线良好	
	30	摇臂把杆	工作夹角和范围应符合说明书要求,不得与缆风绳干涉且设保险绳	
安全装置和设施	31	停层安全保护装置	应设,安全可靠	
	32	断绳保护装置	应安全可靠,坠落距离≤1m	
	33	上限位	应灵活有效,越程≥3m	
	34	下限位	高架机应设置,且灵活有效	
	35	层楼安全门	应安全可靠	
	36	底层安全围护、安全门	围护高度不小于1.5m,安全门和联锁装置有效	

续表

检查项目	序号	检查内容	要求	结果
安全装置和设施	37	上料防护棚	符合规定、有防护功能	
	38	超载限制器	高架机应设置,且灵敏可靠	
	39	缓冲装置	高架机应设置,且有效可靠	
	40	卷筒防脱绳保险	应设,有效可靠	
	41	滑轮防钢丝绳跳槽装置	应设,有效可靠	
电气和标志	42	接地装置	应外露牢固,接地电阻不大于10Ω	
	43	通信或联络装置	应设置	
	44	漏电开关	应单独设置	
	45	绝缘电阻	应不小于0.5MΩ	
	46	层楼标志	齐全、醒目	
	47	限载标志	应设置、醒目	
	48	警示标牌	挂醒目位置,内容符合现场要求	
试验	49	空载试验	各机构动作应平稳、准确,不允许有振颤、冲击等现象	
	50	额定载荷试验	各机构动作应平稳、无异常现象;模拟断绳试验合格,架体、吊笼、导轨等无变形	
	51	超载试验(额定载荷的125%)	动作准确可靠,无异常现象,金属结构不得出现永久变形、可见裂纹、油漆脱落以及连接损坏、松动等现象	

物料提升机安装完毕后,应进行空载、额定荷载和超载试验,方法如下:

(1)空载试验

1)在空载情况下以提升机各工作速度进行上升、下降、变

速和制动等动作,在全行程范围内,反复试验,不得少于3次;

2)在进行上述试验的同时,应对各安全装置进行灵敏度试验;

3)双吊笼提升机,应对各单吊笼升降和双吊笼同时升降,分别进行试验;

4)空载试验过程中,应检查各机构动作是否平稳、准确,不允许有振颤、冲击等现象。

(2)额定载荷试验

吊笼内施加额定荷载,使其重心位于从吊笼的几何中心,沿长度和宽度两个方向,各偏移全长的1/6的交点处。除按空载试验动作运行外,并应做吊笼的坠落试验。试验时,将吊笼上升3~4m停住,进行模拟断绳试验。额定荷载试验:即按说明书中规定的最大载荷进行动作运行。

(3)超载试验

一般只在第一次使用前,或经大修后进行,超载试验应符合下列规定:

取额定荷载的125%(按5%逐级加荷),荷载在吊笼内均匀布置,做上升、下降、变速、制动(不做坠落试验)。动作准确可靠,无异常现象,金属结构不得出现永久变形、可见裂纹、油漆脱落以及连接损坏、松动等现象。

5.2.3 验收

物料提升机经安装单位自检合格后,使用单位应当组织产权(出租)、安装和监理等有关单位进行综合验收,验收合格后方可投入使用,未经验收或者验收不合格的不得使用;实行总承包的,由总承包单位组织产权(出租)、安装、使用和监理等有关单位进行验收。

验收内容主要包括技术资料、标识与环境以及自检情况等,具体内容参见表5-3。

物料提升机综合验收表　　　　　　　表5-3

使用单位		型号	
设备产权单位		设备编号	
工程名称		安装日期	
安装单位		安装高度	
检验项目	检查内容		检验结果
技术资料	制造许可证、产品合格证、制造监督检验证明、产权备案证明齐全、有效		
	安装单位的相应资质、安全生产许可证及特种作业岗位证书齐全、有效		
	安装方案、安全交底记录齐全有效		
	隐蔽工程验收记录和混凝土强度报告齐全有效		
	安装前零部件的验收记录齐全有效		
标识与环境	产品铭牌和产权备案标识齐全		
	与外输电线的安全距离符合规定		
自检情况	自检内容齐全,标准使用正确,记录齐全有效		

安装单位验收意见:	使用单位验收意见:
	项目技术负责人签章:
技术负责人签章:　　　日期:	日期:
监理单位验收意见:	总承包单位验收意见:
	项目技术负责人签章:
项目总监签章:日期:	日期:

5.3 物料提升机的拆卸

5.3.1 拆卸作业前的准备

(1) 拆卸前,应制定拆卸方案,确定指挥和起重工,安排参加作业人员,划定危险作业区域并设置警示设施。

(2) 查看现场环境,如架空线路位置、脚手架及地面设施情况、各种障碍物、附墙架或地锚缆风绳的设置、电气装置及线路情况等。

5.3.2 拆卸作业注意事项

物料提升机的架体拆卸工作比搭设的危险因素更多,特别是龙门架的拆卸,往往因缆风绳处理不当,引起架体倒塌。物料提升机的拆卸按照安装架设的反程序进行,拆卸作业应注意以下事项:

(1) 吊笼降至地面,退出钢丝绳,切断卷扬机电源;凡能在地面和先行拆卸的尽量在地面或先行拆卸掉。

(2) 在拆卸缆风绳或附墙架前,应先设置临时缆风绳或支撑,确保架体的自由高度始终不大于2个标准节(一般不大于8m)。

(3) 拆卸龙门架的天梁前,应先分别对两立柱采取稳固措施,保证单个立柱的稳定。

(4) 拆卸龙门架时,应先挂好吊具,拉紧起吊绳,使架体呈起吊状态,再解除缆风绳和地脚螺栓。

(5) 拆卸作业中,严禁从高处向下抛掷物件。

(6) 拆卸作业宜在白天进行;如需夜间作业应有良好可靠的

照明。大雨、大风等恶劣天气应停止拆卸,因故中断作业时应采取临时稳固措施。

5.4 物料提升机安装拆卸调试实例

如图5-3所示,为SS100/100型物料提升机。此类型物料提升机架体结构为标准节形式。下面以该物料提升机为例,介绍物料提升机的安装、拆卸和调试。

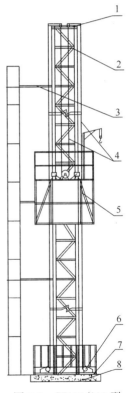

图5-3 SS100/100型物料提升机简图
1—天梁;2—标准节;3—附墙架;4—钢丝绳;5—吊笼;6—卷扬机;7—底架;8—基础

5.4.1 安装前的准备工作

(1) 根据施工要求及现场条件,考虑有效发挥物料提升机的工作能力,便于车辆进出场及安装、拆卸作业,合理确定基座位置。

(2) 基础坑底应夯实,地基承载力不小于80kPa。整个基础地面不得产生不均匀沉陷。要按基础图制作基础,基础养护期应不小于5天,使混凝土的强度不低于标准强度的75%。

(3) 做好架设人员的配备及组织工作。作业人员必须持有特种作业操作资格证书,作业时应系好安全带,戴好安全帽,穿防滑胶鞋。

(4) 安装与拆卸作业前,应根据现场工作条件及设备情况编制装拆作

173

业方案，确定指挥人员，划定安全警戒区域并设监护人员。

（5）安装位置如果不可避免地需靠近架空输电线路时，应根据有关规定保证最小安全距离，并应采取安全防护措施。

5.4.2 安装前的检查

（1）检查起升卷扬机是否完好。制动器应调整好压簧长度在100～110mm之间，电磁吸铁间隙在13mm左右，闸瓦与制动轮间隙 0.8～1.0mm之间，两闸瓦与制动轮的间隙应均匀一致。

（2）检查钢丝绳、滑轮是否完好，润滑是否良好。

（3）检查基础尺寸，地脚螺栓的位置、外露长度及规格是否正确，表面平面度是否达到要求。

（4）检查各钢结构部件是否完好，焊缝是否有裂纹。

（5）检查各连接螺栓是否完好，高强螺栓是否达到8.8级。

（6）检查各安全装置是否完好。

5.4.3 安装

（1）底架安装

1）将底架安放在混凝土基础上，用水准仪将安装架体标准节的四个支点（法兰盘）基本找平。水平度为 1/1000。

2）将底架用压杆与地脚螺栓锁紧。

3）按要求将接地体打入土层，实施保护接地。铜芯导线和底架可靠连接。接地电阻小于 10Ω。

（2）架体底部节安装

先将架体基础节与第一个标准节连接好，然后安装在底架上，用高强螺栓连接好。其预紧扭矩应达到 370±10N·m（以下标准节连接螺栓预紧力均相同）。

(3) 安装吊笼

若用人工安装,应先拆下部分吊笼滚轮,然后将吊笼置于底架上,对正导轨位置,然后装好吊笼滚轮。若用吊车安装可不拆吊笼滚轮,吊起吊笼让吊笼滚轮对准标准节主肢轨道由上往下套装。

(4) 安装吊杆

在架体上装吊杆。用螺栓将一个托底支撑和二个中间支撑将吊杆固定在架体上。

(5) 起升机构安装

将起升机构置于底架上,用销轴连接固定。并与电控箱进行电气连接。

(6) 架体上部安装

1) 吊杆穿绳将起升机构钢丝绳穿过吊杆上两个滑轮后,再穿过一个吊钩,绳头固定在吊杆上。

2) 吊起并安装标准节。开动卷扬机放下吊钩并用索具拴好标准节挂在吊钩上,再开动卷扬机起升标准节至足够高度,用人力旋转吊杆使吊起的标准节对准已安装好的标准节,用高强螺栓连接好。

以相同的方法,用吊杆再吊起另一个标准节装于架体上部,用高强螺栓固定。

3) 提升吊杆(此时由于吊杆长度的限制,已无法再提升并安装标准节,必须提升吊杆)。

4) 在架体上部固定一个单门滑轮,用一根直径为 6.2~9.3mm 的钢丝绳穿过,一端用绳卡固定在吊杆托底支撑上,另一端用绳卡固定在起升机构钢丝绳上(此时吊钩应远离吊杆定滑轮 2m 以上)将下面一个中间支撑松开后固定在原上面一个中间支撑的上面(两个中间支撑间距约 3m),然后松开吊杆托底支撑,启动起升机构提升吊杆至中间支撑附近固定好,松开吊杆托底支撑附近的中间支撑上移约 1.5m 固定好,提升吊杆步骤完成。

5）完成架体上部安装。交替 2）及 3）两个步骤即可全部完成架体上部安装。

若用汽车吊或塔机安装可在地面将标准节每次 6~8 节先组装好,用汽车吊或塔机提升,螺栓固定。即可全部完成架体上部安装。

（7）安装天梁

全部标准节安装完后,再安装天梁。开动卷扬机放下吊钩并用索具拴好天梁挂在吊钩上,再开动卷扬机起升天梁至足够高度,用人力旋转吊杆使吊起的天梁对准已安装好的标准节,用高强螺栓连接好。

若用汽车吊或塔机安装,可在架体标准节安完后,用汽车吊或塔机提升天梁,到位后用螺栓固定。

（8）穿绳

按图 5-4 穿好起升机构钢丝绳。点动卷扬机试验吊笼升降,确保无误。

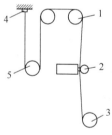

图 5-4 起升机构钢丝绳穿绕示意图
1—天梁滑轮;2—重量限制器;3—卷扬机卷筒;4—钢丝绳天梁固定点;5—吊笼滑轮

（9）附墙架的安装

附着杆可用两种形式,一种用制造厂配套的附着杆,另一种用 $\phi 48$ 钢管与钢管扣件根据现场的情况组装而成;一般分为附着杆和固定架两部分,如图 5-5 所示。固定架与架体标准节用螺栓固定连接,附着杆一端与建筑物连接,另一端用钢管扣件与固定架相连。架体中心线与建筑物的距离一般以 1.8~2.0m 为宜。

附墙架的使用和安装应注意以下事项：

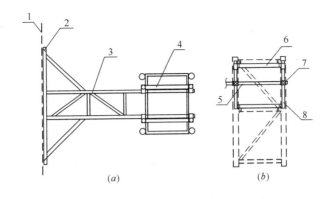

图 5-5 附墙架示意图

(a) 俯视图；(b) 正面图

1—建筑物外沿；2—预埋螺栓；3—附着杆Ⅰ；4—固定架；
5—附着杆Ⅱ；6—固定架Ⅰ；7—钢管扣件；8—固定架Ⅱ

1) 附墙架与建筑结构的连接应进行设计计算，附墙架与立柱及建筑物应采用刚性连接，并形成稳定结构。附墙架严禁连接在脚手架等临时设施上。附墙架的材质应达到《碳素结构钢》(GB/T 700) 的要求，严禁使用木杆、竹竿等作附墙架。

2) 安装第一道附墙架。应注意将架体垂直度随时调整到架体高度的 1/1000 以内。以后每 6 节（9m）设一道附墙架。架体顶部离最上一层附着架的悬高不超过 4 节（6m）。

3) 安装高度在 30m 以内时，第一道附墙架可在 18m 高度上，安装高度超过 30m 时，第一道附墙架应在 6～9m 的高度上。

4) 应提前在建筑物上预埋固定件，待混凝土达到强度后方可进行附墙架安装。

5) 附墙架安装必须牢固可靠，各连接件紧固螺栓必须旋紧。

6) 必须使用经纬仪调整架体垂直度小于 1/1000。

7) 必须在需设附墙架的位置先安装附墙架后再进行架体的继续安装。

(10) 避雷针的安装

架体高度超过周围建筑物或构筑物的，应在架体顶部安装避雷针。

5.4.4 调试

(1) 架体的垂直度

用经纬仪测定架体的垂直度，调整到误差小于 1.5/1000。

(2) 滚轮与轨道接触吻合的调整

启动卷扬机使吊笼离开缓冲装置，先调整两侧上、下 4 个滚轮的滚轮轴偏心位置，使这 4 个滚轮均与轨道（标准节主肢）的间隙处于最大时，然后通过调整另外 6 个滚轮的滚轮轴偏心位置及在滚轮后面滚轮轴上加或减垫圈的方法使这 6 个滚轮的弧面与轨道完全吻合接触，并且接触力基本一致。然后再用相同的方法调整两侧上、下 4 个滚轮，使滚轮的弧面与轨道完全吻合，且保留间隙 1～2mm。

(3) 断绳保护装置的调整

启动卷扬机使吊笼离开缓冲装置，此时起升钢丝绳将吊笼滑轮拉至竖向槽顶部，调整该装置的传力钢丝绳并紧固好，使该装置的夹钳与轨道（标准节主肢）的间隙均保持在 3～5mm 之间。若同一夹钳的两钳块与轨道的间隙不一致，应松开夹钳支架连接螺栓，调整支架位置，使两侧间隙保持一致。

将吊笼用停靠装置插销挂在架体上，使起升钢丝绳继续放松一定长度，模仿断绳状况，检查该装置二个夹钳的 4 个钳块是否均抱住架体主肢，如不符合要求应松开夹钳支架的连接螺栓，调整支架位置。

(4) 安全停靠装置的调整

通过调节花篮螺栓的长短，使出料门关至下止点时，停靠插销的端头与套筒端面齐平。

(5) 物料提升机的运行试验

1) 在空载情况下,全程范围内,进行提升、下降和制动等动作,反复试验3次,检查提升系统是否运转正常,各滚轮与轨道吻合是否正常。同时进行上、下限位器灵敏度试验。

2) 吊笼内加入额定载荷,进行提升、下降和制动等动作,全程范围内试验3次,检查运转是否正常。

3) 吊笼内加入额定载重量的125%,载荷在吊笼内应均匀分布,进行提升、下降、制动,应运转正常,制动可靠,无下滑。金属结构不得有永久变形,可见裂纹,油漆脱落及连接松动,损坏等现象。同时试验停靠装置在各楼层位置能否将吊笼可靠定位。

4) 检查电气操纵是否灵敏可靠。

5) 检查载重量限制器,载荷达到100%~110%额载时是否停止起升动作,重复试验3次确保灵敏可靠。

5.4.5 拆卸

物料提升机的拆卸是安装的逆过程。由上至下进行拆除。拆卸下的高强螺栓应保存好,螺纹部分应涂防锈油备用。

6 物料提升机常见事故隐患与案例

6.1 物料提升机常见事故隐患

6.1.1 安装和拆卸常见事故隐患

(1) 缆风绳的数量不符合要求,端部固定不规范,绳夹的数量、间距、方向及安全段的设置不符合规定。

(2) 提升钢丝绳拖地,无保护措施。

(3) 底部导向滑轮采用了拉板式开口滑轮,影响根部连接强度。

(4) 卷筒和滑轮的防钢丝绳脱槽装置不设置或不符合要求。

(5) 进料防护棚不符合搭设要求,甚至不搭设。

(6) 架体或附墙架直接与脚手架连接。

(7) 基础处理不当,如混凝土强度、厚度、表面平整度不符合要求,预埋件布置不正确,影响了架体的垂直度和连接强度。

(8) 提升机的金属结构及电气设备的金属外壳接地不规范甚至不接地。

(9) 安全装置安装不符合要求,如上极限限位的越程小于3m,安全停靠装置和防坠安全装置不进行调试,安装后失灵。

(10) 摇臂把杆安装不规范,如未设保险绳和超高限位等。

(11) 拆卸不按规定顺序进行,不设危险警示区。

（12）内置式井架架体与层楼通道接口处，开口后不进行必要的加强，影响整体稳定。

（13）楼层通道不安装安全门或安全门残缺不全、设置不规范。

（14）在电气控制箱（盒）内，未按规定设置急停开关；当出现意外时，无法及时切断电源。

（15）上料防护棚搭设不规范，或未设置底层的三面安全围护及安全门。

（16）限载标志、警示标牌未按规定设置。

6.1.2 使用和管理常见事故隐患

（1）提升卷扬机的制动块磨损严重，未及时更换，易发生吊笼下坠。

（2）联轴器的弹性圈磨损严重，不及时更换。

（3）吊笼安全门缺损或不可靠，底板破损，造成物料空中坠落伤人。

（4）断绳保护装置和导轨清洁不及时，油污积聚导致防坠安全装置失灵。

（5）通信装置失灵或不正确使用，导致司机和各楼层联系不畅。

（6）安装后，未经正式验收合格即投入使用。

（7）司机未经专门培训，无证上岗操作，不坚持班前检查和例行保养。

（8）违规超载，载荷偏置，物件超长。

（9）摇臂把杆使用不当。

（10）吊笼载人运行。

（11）闲杂人员违规进入底层防护栏内，进入吊笼下方。

6.2 物料提升机事故案例

6.2.1 违规安装物料提升机倒塌事故

(1) 事故经过

某工地因施工需要搭设井架式物料提升机。由于搭设时未将底架（地梁）与基础预埋件牢固连接，搭设到27m高度时仅设置了对角二根揽风绳，且揽风绳直径仅6.5mm；安装时突遇七级阵风，井架架体顷刻倒塌，造成3名安装人员死亡。

(2) 事故原因

1) 没有按照安装顺序及要求，在底架和基础连接不牢靠情况下继续安装架体，埋下事故隐患。

2) 缆风绳的数量和绳径都未达到要求。按照规定提升机高度超过20m应设置二组（不少于8根）缆风绳，且应在四角均匀分布，但本案中仅设置了对角的二根钢丝绳；按照规定缆风钢丝绳的直径，最小也不得小于9.3mm，但本案使用了直径为6.5mm的钢丝绳。

3) 按照规定风力在四级风以上时应停止安装物料提升机，但本案违反规定，在风力已达到七级时，仍未停止安装作业。

(3) 预防措施

1) 物料提升机安装前，应制定安装方案，并按规定进行审批。

2) 物料提升机安装前，进行安全技术交底，使作业人员严格按操作规程及安装工艺、顺序进行安装。

3) 加强现场管理，建立和健全安全员责任制度，在安装过程中加强检查,消除隐患。

4)加强安全教育,不断提高管理人员和工人的安全意识,以利保护自身安全。

5)开展安全技能教育,使广大员工,尤其是第一线作业人员熟悉并掌握有关标准,提高自觉贯彻标准的意识,认识到按标准进行安装作业的重要性。

6.2.2 违规固定滑轮致使吊笼坠落事故

(1)事故经过

某建筑工地,在搭设井架物料提升机过程中,为图省力,2名作业人员乘坐在吊笼内,进行架体的向上搭设。架体底部的导向滑轮采用了扣件固定,因扣件脱落,钢丝绳弹出,又由于未安装防坠安全装置,吊笼失控坠落,致使吊笼内2人死亡。

(2)事故原因

1)物料提升机在任何情况下,都不得载人升降,本案中违规乘人是造成此次事故的主要原因。

2)导向滑轮的固定,应采用可靠的刚性连接,本案采用了可靠性较差的扣件连接,其强度及刚度均不能保证,尤其在受拉力作用时,易滑移、松脱甚至断裂,这也是事故发生的重要原因。

3)在没有安装防坠安全装置的情况下,违规提升吊笼。

(3)预防措施

1)物料提升机安装前,应制定安装方案,并组织现场的技术交底。

2)严格按照安装工艺、顺序进行安装。

3)严禁物料提升机载人运行。

4)物料提升机底部滑轮的固定,应采用可靠的刚性连接,不得随意替换连接部件。

5)加强经常性的安全教育,提高作业人员的安全意识。

6.2.3 违规替代重要部件致使吊笼坠落事故

(1)事故经过

某建筑工地,完成结构封顶后进行井架物料提升机的拆卸。为图省力和方便,在拆卸架体取下天梁后,用脚手架钢管代替天梁,临时安装天梁滑轮,2名无操作证的辅助工人,擅自进入吊笼,利用吊笼装运天梁,由于脚手架钢管的强度不够,又有明显的锈蚀,吊笼下降不多时,钢管严重弯曲,滑轮与钢管一同从架体脱落,防坠安全装置又不起作用,吊笼从30m高处坠落,造成2人死亡。

(2)事故原因

1)擅自使用脚手架钢管代替槽钢作天梁,是造成事故的直接原因。

2)物料提升机在任何情况下,都不得载人升降,本案例中2名作业人员违规乘坐吊笼上下。

3)2名作业人员均为无证上岗,缺乏必要的安全和技能知识。

4)物料提升机司机违反操作规程,随意搭载人升降吊笼。

5)防坠安全装置失灵,说明安装质量和检查验收不符合要求,日常保养也没有做好。

(3)预防措施

1)物料提升机的安装拆卸人员应认真执行持证上岗的规定,经过一定的安全技术培训,可使作业人员掌握基本的操作技能和安全知识,因此持证上岗是消除事故隐患的必要措施。

2)制定科学合理的拆卸方案,并进行现场的安全技术交底,可有效地避免拆卸作业中的随意性，严格遵照拆卸顺序和工艺进行操作，从而避免事故的发生。

3）要严格按照物料提升机安装规定执行，对天梁、滑轮和钢丝绳等重要零部件不得随意用其他物件替代。

4）认真执行安装验收制度，未达到要求的，必须整改合格方可投入使用，尤其是安全装置，更应认真调试和维护保养。

5）加强现场管理和监督检查，尤其在提升机的安装和拆卸阶段，时刻提醒作业人员的安全意识。

6）积极组织司机参加技术培训和复审验证，不断提高技能和安全知识，使之自觉杜绝和抵制违章作业。

附录 1

起重机 钢丝绳 保养、维护、检验和报废

GB/T 5972—2016/ISO 4309:2010

1 范围

本标准规定了起重机和电动葫芦用钢丝绳的保养与维护、检验和报废的一般要求。

本标准适用于在下列类型的起重机上使用的钢丝绳：

a) 缆索及门式缆索起重机；

b) 悬臂起重机（柱式、壁式或自行车式）；

c) 甲板起重机；

d) 桅杆及缆绳式桅杆起重机；

e) 刚性斜撑式桅杆起重机；

f) 浮式起重机；

g) 流动式起重机；

h) 桥式起重机；

i) 门式起重机或半门式起重机；

j) 门座起重机或半门座起重机；

k) 铁路起重机；

l) 塔式起重机；

m) 海上起重机，即安装在由海床支承的固定结构或由浮力支承的浮动装置上的起重机。

注：各类起重机的定义参见 GB/T 6974.1。

本标准适用于人力、电力或液力驱动的起重机上用于吊钩、

抓斗、电磁吸盘、盛钢桶、挖掘或堆垛作业的钢丝绳。

本标准也适用于起重葫芦和起重滑车用钢丝绳。

对于单层缠绕卷筒用的钢丝绳，使用合成材料滑轮或带合成材料绳槽衬垫的金属滑轮时，在钢丝绳表面出现可见断丝和实质性磨损之前，内部会出现大量断丝。基于这一事实，本标准没有给出这种应用组合时的报废基准。

2 规范性引用文件

下列文件对于本文件的应用是必不可少的。凡是注日期的引用文件，仅注日期的版本适用于本文件。凡是不注日期的引用文件，其最新版本（包括所有的修改单）适用于本文件。

ISO 17893 钢丝绳 术语、标记和分类（Steel wire ropes—Vocabulary, designation and classifi-cation）

3 术语和定义

ISO 17893 界定的以及下列术语和定义适用于本文件。

3.1

公称直径 nominal diameter

d

钢丝绳直径规格的约定值。

3.2

实测直径 measured diameter

实际直径 actual diameter

d_m

在两个互相垂直的方向上测量的钢丝绳同一横截面外接圆直径的平均值。

3.3

参考直径 reference diameter

d_{ref}

钢丝绳开始使用后立即在没有经受弯曲的钢丝绳区段上测量的实测直径。

注：该直径作为钢丝绳直径等值减小的基准值。

3.4

交叉重叠区域 cross-over zone

钢丝绳在卷筒上缠绕时或在卷筒法兰处由一层上升到另一层时，上下两圈钢丝绳互相交叉重叠的部分。

3.5

圈 wrap

钢丝绳绕卷筒一周。

3.6

卷盘 reel

缠绕钢丝绳的带凸缘的卷盘，用于钢丝绳的装运和贮存。

3.7

钢丝绳的定期检验 wire rope periodic inspection

对钢丝绳彻底的外观检查及测量，如果条件许可，还包括对钢丝绳内部状态进行的评估。

注：这种检验有时被称为"彻底检查"。

3.8

主管人员 competent person

具备足够的起重机和起重葫芦用钢丝绳的专业知识和实践经验，能够评估钢丝绳的状态、判断钢丝绳是否可以继续使用、规定钢丝绳实施检验的最大时间间隔的（钢丝绳检查）人员。

3.9

股沟断丝 valley wire break

发生在内层股接触点或两个外层股之间沟状区域的断丝。

注：发生在相邻两个股沟之间钢丝绳内部的外层断丝，以及绳芯股断

裂，也可视为股沟断丝。

3.10

严重程度级别 severity rating

劣化程度的量值，用趋于报废的百分比表示。

注：此比率可能与单一的劣化模式（如断丝或直径减小）有关，也可能与多个劣化模式（如断丝和直径减小）的综合影响有关。

4 保养与维护

4.1 总则

当缺少起重机制造商和/或钢丝绳制造商或供货商提供的有关钢丝绳的使用说明时，钢丝绳的保养和维护应符合4.2～4.7的规定。

4.2 钢丝绳的更换

起重机上应安装由起重机制造商规定的正确长度、直径、结构、类型、捻向和强度（如最小破断拉力）的钢丝绳，选择其他钢丝绳时应得到起重机制造商、钢丝绳制造商或主管人员的批准。更换钢丝绳的记录应存档。

对于大直径的阻旋转钢丝绳，特别是在准备试样时，可能需要单独采取措施来固定钢丝绳端，如使用钢制扎带。

如果从较长的钢丝绳上（如批量生产的钢丝绳卷盘）截取所需长度时，应对切割点两侧进行保护，防止切割后松捻（松散）。

对于单层股钢丝绳切割前的保护参见附图1-1。对于阻旋转钢丝绳和平行捻密实钢丝绳，可能需要成倍增加保护长度。如果保护措施不合适或不充分，轻度预成型的钢丝绳切割后更容易松捻（松散）。

注："保护"有时也被称为"捆扎"。

钢丝绳与卷筒、吊钩滑轮组或机械结构固定点的连接应采用

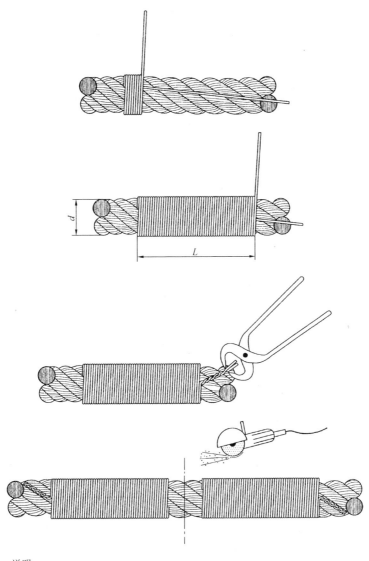

说明:
L 至少为 $2d$。

附图 1-1 单层股钢丝绳切割前实施的保护措施

起重机制造商在使用说明书中规定的钢丝绳端固定装置，选择其他钢丝绳端固定装置时应得到起重机制造商、钢丝绳制造商或主管人员的批准。

4.3 钢丝绳的装卸和贮存

为了避免发生事故和/或损伤钢丝绳，宜谨慎小心地装卸钢丝绳。

卷盘或绳卷不允许坠落，不允许用金属吊钩或叉车的货叉插入，也不允许施加任何能够造成钢丝绳损伤或畸形的外力。

钢丝绳宜存放在凉爽、干燥的室内，且不宜与地面接触。钢丝绳不宜存放在有可能受到化工产品、化学烟雾、蒸汽或其他腐蚀剂侵袭的场所。

如果户外存放不可避免，则应采取保护措施，防止潮湿造成钢丝绳锈蚀。

对存放中的钢丝绳应定期进行诸如表面锈蚀等劣化迹象的检查，如果主管人员认为必要，还应在表面涂敷与钢丝绳制造时的润滑材料兼容的防护材料或润滑材料。

在温暖环境下，钢丝绳卷盘应定期翻转180°，防止润滑油（脂）从钢丝绳内流出。

4.4 安装钢丝绳前的准备

在安装钢丝绳前，最好是在接收钢丝绳时，宜核对钢丝绳及其合格证书，确保钢丝绳符合订货要求。

钢丝绳的强度不应低于起重机制造商要求的强度。

新钢丝绳的直径应在不受拉的条件下测量并做记录。

核对所有滑轮和卷筒绳槽的情况，以确保其能够满足新钢丝绳的规格要求，没有诸如波纹等缺陷，并且有足够的壁厚来安全支承钢丝绳。

滑轮绳槽的有效直径宜比钢丝绳公称直径大5%～10%，且至少比新钢丝绳的实际直径大1%。

4.5 钢丝绳的安装

展开或安装钢丝绳时,应采取各种措施避免钢丝绳向内或向外旋转。否则可能使钢丝绳产生结环、扭结或折弯,导致无法使用。

为了避免出现上述不良趋势,宜将钢丝绳在允许的最小松弛状态下呈直线放出(见附图1-2)。

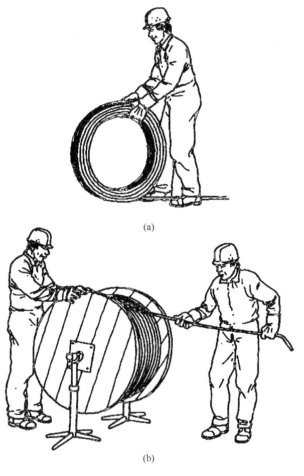

附图1-2 放出钢丝绳的正确方法
(a)从绳卷上放绳;(b)从卷盘上放绳

以绳卷状态供货的钢丝绳宜放在可旋转的装置上以直线状态放出,但是绳卷长度较短时,可让外圈钢丝绳端呈自由状态,将其余部分沿着地面向前滚动［见附图 1-2（a）］。

不应采取从平放于地面的绳卷或卷盘上将钢丝绳拉出或沿地面滚动卷盘的方法放绳(见附图 1-3)。

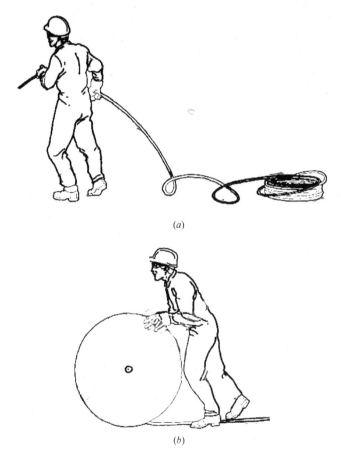

附图 1-3　放出钢丝绳的错误方法(一)
(a) 从绳卷上放绳;(b) 从卷盘上放绳

(c)

附图1-3 放出钢丝绳的错误方法（二）

(c) 从卷盘上放绳

从卷盘上直接供绳时，应将卷盘和其支架放在离起重机或起重葫芦尽可能远的地方，以便将钢丝绳偏角的影响降到最低限度，从而避免不利的旋转。

为了避免沙土或其他污物进入钢丝绳，作业时，应将钢丝绳放在合适的垫子（如旧传送带）上，不能直接放在地面上。

旋转中的钢丝绳卷盘可能具有很大的惯性，需要加以控制，才能使钢丝绳缓慢地释放出来。对于较小的卷盘，通常使用一个制动器就能控制（见附图1-4）。大卷盘具有很大的惯性，一旦转动起来，可能需要很大的制动力矩才能控制。

在安装过程中，只要条件允许，就要确保钢丝绳始终向一个方向弯曲，即：从供绳卷盘上部放出的钢丝绳进入到起重机或起重葫芦卷筒的上部（称为"上到上"），从供绳卷盘下部放出的钢丝绳进入到起重机或起重葫芦卷筒的下部（称为"下到下"，见附图1-4）。

对多层缠绕的钢丝绳，在安装过程中向钢丝绳施加一个大小

附图 1-4 控制绳张力,从卷盘底部向卷筒底部传送钢丝绳

约为钢丝绳最小破断拉力 2.5%～5%的张紧力。这样有助于保证底层钢丝绳缠绕牢固,为后续的钢丝绳提供稳固的基础。

按照起重机制造商的使用说明书在卷筒和外部固定点上固定钢丝绳端部。

安装期间,应避免钢丝绳与起重机或起重葫芦的任何部位产生摩擦。

4.6 新钢丝绳的试运行

在钢丝绳投入起重机的使用之前,用户应确保与起重机运行有关的限制和指示装置工作正常。

为使钢丝绳组件能较大程度地调整到正常工作状态,用户应操作起重机在低速轻载[极限工作载荷(WLL)的 10%,或额定起重量的 10%]状态下运行若干工作循环。

4.7 钢丝绳的维护

应根据起重机的类型、使用频率、环境条件和钢丝绳的类型对钢丝绳进行维护。

在钢丝绳寿命期内,在出现干燥或腐蚀迹象前,应按照主管人员的要求,定期为钢丝绳润滑,尤其是经过滑轮和进出卷筒的区段以及与平衡滑轮同步运动的区段。有时,为了提高润滑效果,需在润滑前将钢丝绳清理干净。

钢丝绳的润滑材料应与钢丝绳制造商提供的初期润滑材料兼

容，还应具有渗透性。如果从起重机使用手册中不能确定润滑材料的型号，用户应征询钢丝绳供货商或钢丝绳制造商的意见。

钢丝绳缺乏维护会导致使用寿命缩短，尤其是起重机或起重葫芦用于腐蚀环境，或者不能对钢丝绳进行润滑时。在这些情况下，钢丝绳的检验周期应适当缩短。

如果钢丝绳某一部位的断丝过于突出，当此处经过滑轮时，断丝就会压在其他部位之上，造成局部劣化。为了避免这种局部劣化，可将伸出的断丝除掉，其方法为：夹紧断丝伸出端反复弯折（如附图1-5所示），直至折断（这种情况总是出现在绳股之间的股沟位置）。在维护过程中去除断丝时，宜记录其位置，并提供给钢丝绳检验人员。去除断丝的作业也宜作为一根断丝来计算，并在根据断丝作为报废基准评估钢丝绳的状态时予以考虑。

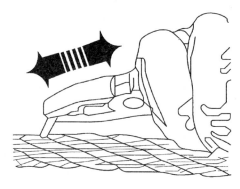

附图1-5　去除突出的钢丝

如果断丝明显靠近或者位于钢丝绳固定端，并且沿钢丝绳长度方向的其他部分又不受影响，可以将钢丝绳截短，然后重新装配绳端固定装置。在这之前，宜校核钢丝绳的剩余长度，确保起重机在其极限工作位置时，钢丝绳能够在卷筒上保留所需的最小缠绕圈数。

4.8　与钢丝绳相关的起重机零部件的维护

除了按照起重机使用手册的相关说明维护以外，卷筒和滑轮还宜定期检查，确保在轴承的支承下转动自如。

滑轮转动不灵活或滚动体磨损严重且不均匀，都会使钢丝绳严重磨损。起不到平衡作用的平衡滑轮会导致钢丝绳缠绕系统的载荷不均衡。

5 检验

5.1 总则

当缺少起重机制造商和/或钢丝绳制造商或供货商提供的有关钢丝绳的使用说明时，钢丝绳的检查应符合5.2～5.5的规定。

5.2 日常检查

至少应在特定的日期对预期的钢丝绳工作区段进行外观检查，目的是发现一般的劣化现象或机械损伤。此项检查还应包括钢丝绳与起重机的连接部位（参见图A.2）。

对钢丝绳在卷筒和滑轮上的正确位置也宜检查确认，确保钢丝绳没有脱离正常的工作位置。

所有观察到的状态变化都应报告，并且由主管人员根据5.3的规定对钢丝绳进行进一步检查。

无论何时，只要索具安装发生变动，如当起重机转移作业现场及重新安装索具后，都应按本条的规定对钢丝绳进行外观检查。

注：可以指定起重机司机/操作员在其培训合格和能力所及的范围内承担日常检查工作。

5.3 定期检查

5.3.1 总则

定期检查应由主管人员实施。

从定期检查中获得的信息用来帮助对起重机钢丝绳做出如下判定：

a) 是否能够继续安全使用到最近的下一次定期检查；

b) 是否需要立即更换或者在规定的时间段内更换。

应采用适当的评价方法,如计算、观察、测量等,对劣化的严重程度做出评估,并且用各自特定报废基准的百分比表示(如20%、40%、60%、80%、100%),或者用文字表述(如轻度、中度、重度、严重、报废)。

在钢丝绳试运行和投入使用前,对其可能出现的任何损伤都应由主管人员做出评估并记录观察结果。

比较常见的劣化模式以及评价方法在附表1-1中列出,有些模式的各项内容都能轻易量化(即计算或测量),也有的只能由主管人员做出主观评价(即观察)。

劣化模式和评价方法　　　　　　　　　　　附表1-1

劣化模式	评价方法
可见断丝数量(包括随机分布、局部聚集、股沟断丝、绳端固定装置及其附近)	计算
钢丝绳直径减小(源自外部磨损/擦伤、内部磨损和绳芯劣化)	测量
绳股断裂	观察
腐蚀(外部、内部及摩擦)	观察
变形	观察和测量(仅限于波浪形)
机械损伤	观察
热损伤(包括电弧)	观察

典型劣化模式的实例参见附录B。

5.3.2 检查周期

定期检查的周期应由主管人员决定,并且至少应考虑如下内容:

a) 国家关于钢丝绳应用的法规要求;

b) 起重机的类型及工作现场的环境状况；
c) 机构的工作级别；
d) 前期的检查结果；
e) 在检查同类起重机钢丝绳过程中获取的经验；
f) 钢丝绳已使用的时间；
g) 使用频率。

注1：主管人员会发现接受或推荐比法规要求更频繁的定期检查是明智的。该决策可能会受到工作类型和频率的影响，也取决于钢丝绳当时的状态以及外部环境是否有变化，例如事故或运行工况的变化，主管人员会认为有必要决定或建议缩短定期检查的时间间隔。

注2：一般在钢丝绳寿命后期出现的断丝比率要高于早期。

注3：附图1-6给出了断丝比率随时间变化而增加的两个实例。

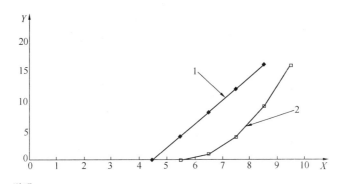

说明：

X——时间，单位：循环次数；

Y——单位长度上随机分布的断丝数；

1——钢丝绳1；

2——钢丝绳2。

附图1-6 断丝比率增长的实例

5.3.3 检查范围

对每根钢丝绳，都应沿整个长度进行检查。

对超长的钢丝绳，经主管人员同意，可以对工作长度加上卷筒上至少5圈的钢丝绳进行检查。在这种情况下，如果在上一次检查之后和下一次检查之前预计到工作长度会增加，增加的长度在使用前也宜进行检查。

应特别注意下列关键区域和部位：
a) 卷筒上的钢丝绳固定点；
b) 钢丝绳绳端固定装置上及附近的区段；
c) 经过一个或多个滑轮的区段；
d) 经过安全载荷指示器滑轮的区段；
e) 经过吊钩滑轮组的区段；
f) 进行重复作业的起重机，吊载时位于滑轮上的区段；
g) 位于平衡滑轮上的区段；
h) 经过缠绕装置的区段；
i) 缠绕在卷筒上的区段，特别是多层缠绕时的交叉重叠区域；
j) 因外部原因（如舱口围板）导致磨损的区段；
k) 暴露在热源下的部位。

注：需要特别严格检查的区域，参见附录A。

如果主管人员认为有必要展开钢丝绳以确认是否存在有害的内部劣化，展开钢丝绳时应极度小心，避免损伤钢丝绳（参见附录C）。

5.3.4 绳端固定装置及附近区域的检查

应检查靠近绳端固定装置的钢丝绳，特别是进入绳端固定装置的部位，由于这个位置受到振动和其他冲击的影响以及腐蚀等环境状态的作用，容易出现断丝。可以采用探针进行探查，以确定钢丝是否出现松散，进而确定绳端固定装置内部是否存在断丝。还应检查绳端固定装置是否存在过度的变形和磨损。

此外，固定绳套、绳环用的套管也应进行外观检查，看其材料是否有裂纹、钢丝绳和套管之间是否在可能滑移的迹象。

可拆分的绳端固定装置，如对称楔套，应检查钢丝绳进入绳端固定装置的入口附近有无断丝迹象，确认绳端固定装置处于正确的装配状态。

应检查编织式绳套，确定其仅在编织的锥形段绑扎，这样就能够对其余部分进行断丝的外观检查。

5.3.5 检查记录

每次定期检查之后，主管人员应提交钢丝绳检查记录（典型实例参见附录D），并注明至下一次检查不能超过的最大时间间隔。

宜保存钢丝绳的定期检查记录（参见D.2）。

5.4 事故后的检查

如果发生了可能导致钢丝绳及其绳端固定装置损伤的事故，应在重新开始工作前按照定期检查（见5.3）的规定，或按照主管人员的要求，检查钢丝绳及其绳端固定装置。

注：在采用双钢丝绳系统的起升机构中，即使只有一根钢丝绳报废，也要将两根一起更换，因为新钢丝绳比剩下的钢丝绳粗一些，又有不同的伸长率，这两个因素影响到卷筒上两根钢丝绳的放出量。

5.5 起重机停用一段时间后的检查

如果起重机停用3个月以上，在重新使用前，应按5.3的规定对钢丝绳进行定期检查。

5.6 无损检测

用电磁方法进行无损检测（NDT）可以用来帮助外观检查确定钢丝绳上可能劣化区段的位置。如果计划在钢丝绳寿命期内对钢丝绳的某些点进行电磁无损检测，宜在钢丝绳寿命期的初期进行（可以在钢丝绳制造阶段，或钢丝绳安装期间，最好是在钢丝绳安装后），并作为将来进行对比的参考点（有时被称为"钢丝绳识别标志"）。

6 报废基准

6.1 总则

当缺少起重机制造商和/或钢丝绳制造商或供货商提供的有关钢丝绳的使用说明时,钢丝绳的报废基准应符合6.2~6.6的规定(有关信息参见附录E)。

由于劣化通常是钢丝绳同一位置不同劣化模式综合作用的结果,主管人员应进行"综合影响"评估,附录F提供了一种方法。

只要发现钢丝绳的劣化速度有明显的变化,就应对其原因展开调查,并尽可能地采取纠正措施。情况严重时,主管人员可以决定报废钢丝绳或修正报废基准,例如减少允许可见断丝数量。

在某些情况下,超长钢丝绳中相对较短的区段出现劣化,如果受影响的区段能够按要求移除,并且余下的长度能够满足工作要求,主管人员可以决定不报废整根钢丝绳。

6.2 可见断丝

6.2.1 可见断丝报废基准

不同种类可见断丝的报废基准应符合附表1-2的规定。

可见断丝报废基准　　　　附表1-2

序号	可见断丝的种类	报废基准
1	断丝随机地分布在单层缠绕的钢丝绳经过一个或多个钢制滑轮的区段和进出卷筒的区段,或者多层缠绕的钢丝绳位于交叉重叠区域的区段[a]	单层和平行捻密实钢丝绳见附表1-3,阻旋转钢丝绳见表4

续表

序号	可见断丝的种类	报废基准
2	在不进出卷筒的钢丝绳区段出现的呈局部聚集状态的断丝	如果局部聚集集中在一个或两个相邻的绳股，即使 $6d$ 长度范围内的断丝数低于附表1-3和附表1-4的规定值，可能也要报废钢丝绳
3	股沟断丝[b]	在一个钢丝绳捻距（大约为 $6d$ 的长度）内出现两个或更多断丝
4	绳端固定装置处的断丝	两个或更多断丝

[a] 典型实例参见图 B.13。
[b] 典型实例参见附图 1-7 和图 B.14。

6.2.2 附表 1-3 和附表 1-4 的使用以及钢丝绳的类别编号

对附录 G 中的单层钢丝绳或平行捻密实钢丝绳，根据其相应的钢丝绳类别编号（RCN）在附表 1-3 中读取 $6d$ 和 $30d$ 长度范围内的断丝数报废值。如果附录 G 中没有对应的钢丝绳结构，按钢丝绳内承载钢丝的总数（不包括填充丝在内的外层绳股的钢丝总数）在附表 1-3 中读取相应的 $6d$ 和 $30d$ 长度范围内的断丝数报废值。

对附录 G 中的阻旋转钢丝绳，根据其相应的钢丝绳类别编号（RCN）在附表 1-4 中读取 $6d$ 和 $30d$ 长度范围内的断丝数报废值。如果附录 G 中没有对应的钢丝绳结构，按钢丝绳外层股数和外层股内承载钢丝的总数（不包括填充丝在内的外层绳股的钢丝总数）在附表 1-4 中读取相应的 $6d$ 和 $30d$ 长度范围内的断丝数报废值。

6.2.3 非工作原因导致的断丝

运输、贮存、装卸、安装、制造等原因可能导致个别钢丝断裂。这种独立的断丝现象不是由工作过程中的劣化（如作为附表1-3和附表1-4中数值的主要基础的弯曲疲劳）引起的，在检查钢丝绳断丝时通常不将这种断丝计算在内。发现这种断丝应进行记录,可为将来的检验提供帮助。

如果这种断丝的端部从钢丝绳内伸出,可能会导致某些潜在的局部劣化,应将其去除(去除方法见 4.7)。

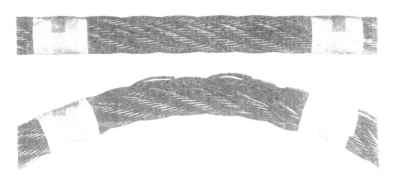

附图 1-7　弯曲钢丝绳常常会暴露出隐藏在绳股之间股沟内的断丝

6.2.4　单层和平行捻密实钢丝绳

单层股钢丝绳和平行捻密实钢丝绳中达到报废程度的最少可见断丝数　　附表 1-3

钢丝绳类别编号 RCN (参见附录 G)	外层股中承载钢丝的总数[a] n	可见外部断丝的数量[b]					
		在钢制滑轮上工作和/或单层缠绕在卷筒上的钢丝绳区段(钢丝断裂随机分布)				多层缠绕在卷筒上的钢丝绳区段[c]	
		工作级别 M1~M4 或未知级别[d]				所有工作级别	
		交互捻		同向捻		交互捻和同向捻	
		$6d^e$ 长度范围内	$30d^e$ 长度范围内	$6d^e$ 长度范围内	$30d^e$ 长度范围内	$6d^e$ 长度范围内	$30d^e$ 长度范围内
01	$n \leqslant 50$	2	4	1	2	4	8
02	$51 \leqslant n \leqslant 75$	3	6	2	3	6	12
03	$76 \leqslant n \leqslant 100$	4	8	2	4	8	16

续表

钢丝绳类别编号 RCN（参见附录G）	外层股中承载钢丝的总数[a] n	可见外部断丝的数量[b]					
		在钢制滑轮上工作和/或单层缠绕在卷筒上的钢丝绳区段（钢丝断裂随机分布）				多层缠绕在卷筒上的钢丝绳区段[c]	
		工作级别 M1～M4 或未知级别[d]				所有工作级别	
		交互捻		同向捻		交互捻和同向捻	
		$6d$[e] 长度范围内	$30d$[e] 长度范围内	$6d$[e] 长度范围内	$30d$[e] 长度范围内	$6d$[e] 长度范围内	$30d$[e] 长度范围内
04	$101 \leqslant n \leqslant 120$	5	10	2	5	10	20
05	$121 \leqslant n \leqslant 140$	6	11	3	6	12	22
06	$141 \leqslant n \leqslant 160$	6	13	3	6	12	26
07	$161 \leqslant n \leqslant 180$	7	14	4	7	14	28
08	$181 \leqslant n \leqslant 200$	8	16	4	8	16	32
09	$201 \leqslant n \leqslant 220$	9	18	4	9	18	36
10	$221 \leqslant n \leqslant 240$	10	19	5	10	20	38
11	$241 \leqslant n \leqslant 260$	10	21	5	10	20	42
12	$261 \leqslant n \leqslant 280$	11	22	5	11	22	44
13	$281 \leqslant n \leqslant 300$	12	24	6	12	24	48
	$n > 300$	$0.04n$	$0.08n$	$0.02n$	$0.04n$	$0.08n$	$0.16n$

注：对于外股为西鲁式结构且每股的钢丝数≤19的钢丝绳（例如 6×19Seale），在表中的取值位置为其"外层股中承载钢丝总数"所在行之上的第二行。

[a] 在本标准中，填充钢丝不作为承载钢丝，因而不包括在 n 值之中。
[b] 一根断丝有两个断头（按一根断丝计数）。
[c] 这些数值适用于交叉重叠区域和由于钢丝绳偏角影响的缠绕绳圈之间干涉引起的劣化（不适用于只在滑轮上工作而不在卷筒上缠绕的区段）。
[d] 机构的工作级别为 M5～M8 时，断丝数可取表中数值的两倍。
[e] d——钢丝绳公称直径。

6.2.5 阻旋转钢丝绳

阻旋转钢丝绳中达到报废程度的最少可见断丝数　　　附表1-4

钢丝绳类别编号 RCN（参见附录G）	钢丝绳外层股数和外层股中承载钢丝总数 n [a]	可见断丝数量[b]			
		在钢制滑轮上工作和/或单层缠绕在卷筒上的钢丝绳区段		多层缠绕在卷筒上的钢丝绳区段[c]	
		$6d^d$ 长度范围内	$30d^d$ 长度范围内	$6d^d$ 长度范围内	$30d^d$ 长度范围内
21	4 股 $n\leqslant100$	2	4	2	4
22	3 股或 4 股 $n\geqslant100$	2	4	4	8
	至少 11 个外层股				
23-1	$71\leqslant n\leqslant100$	2	4	4	8
23-2	$101\leqslant n\leqslant120$	3	5	5	10
23-3	$121\leqslant n\leqslant140$	3	5	6	11
24	$141\leqslant n\leqslant160$	3	6	6	13
25	$161\leqslant n\leqslant180$	4	7	7	14
26	$181\leqslant n\leqslant200$	4	8	8	16
27	$201\leqslant n\leqslant220$	4	9	9	18
28	$221\leqslant n\leqslant240$	5	10	10	19
29	$241\leqslant n\leqslant260$	5	10	10	21
30	$261\leqslant n\leqslant280$	6	11	11	22
31	$281\leqslant n\leqslant300$	6	12	12	24
	$n>300$	6	12	12	24

注：对于外股为西鲁式结构且每股的钢丝数≤19 的钢丝绳（例如 18×19Seale-WSC），在表中的取值位置为其"外层股中承载钢丝总数"所在行之上的第二行。

[a] 在本标准中，填充钢丝不作为承载钢丝，因而不包括在 n 值之中。

[b] 一根断丝有两个断头（按一根断丝计数）。

[c] 这些数值适用于交叉重叠区域和由于钢丝绳偏角影响的缠绕绳圈之间干涉引起的劣化（不适用于只在滑轮上工作而不在卷筒上缠绕的区段）。

[d] d——钢丝绳公称直径。

6.3 钢丝绳直径的减小

6.3.1 沿钢丝绳长度等值减小

在卷筒上单层缠绕和/或经过钢制滑轮的钢丝绳区段，直径等值减小的报废基准值见附表 1-5 中的粗体字。这些数值不适用于交叉重叠区域或其他由于多层缠绕导致类似变形的区段。

计算减小量的参考直径是钢丝绳的非工作区段在钢丝绳开始使用后立即测量的直径。直径减小量的计算方法及其与公称直径百分比的表示应按 6.3.2 的规定。

附表 1-5 给出了直径等值减小的等效值，用钢丝绳公称直径的百分比表示，将严重程度分级以 20% 为单位增量来表示（即 20%、40%、60%、80%、100%）。也可以选择其他的严重程度分级方法，如用 25% 作为单位增量（即 25%、50%、75%、100%）。

直径等值减小的报废基准——单层缠绕卷筒和钢制滑轮上的钢丝绳　　　　　附表 1-5

钢丝绳类型	直径的等值减小量 Q（用公称直径的百分比表示）	严重程度分级 程度	%
纤维芯单层股钢丝绳	$Q<6\%$	—	0
	$6\%\leqslant Q<7\%$	轻度	20
	$7\%\leqslant Q<8\%$	中度	40
	$8\%\leqslant Q<9\%$	重度	60
	$9\%\leqslant Q<10\%$	严重	80
	$Q\geqslant 10\%$	报废	100
钢芯单层股钢丝绳或平行捻密实钢丝绳	$Q<3.5\%$	—	0
	$3.5\%\leqslant Q<4.5\%$	轻度	20
	$4.5\%\leqslant Q<5.5\%$	中度	40
	$5.5\%\leqslant Q<6.5\%$	重度	60
	$6.5\%\leqslant Q<7.5\%$	严重	80
	$Q\geqslant 7.5\%$	报废	100

续表

钢丝绳类型	直径的等值减小量 Q（用公称直径的百分比表示）	严重程度分级	
		程度	%
阻旋转钢丝绳	Q<1%	—	0
	1%≤Q<2%	轻度	20
	2%≤Q<3%	中度	40
	3%≤Q<4%	重度	60
	4%≤Q<5%	严重	80
	Q≥5%	报废	100

6.3.2 确定直径等值减小量及将其表示为公称直径百分比的计算

用公称直径百分比表示的直径等值减小，用式（1）计算：

$$Q = [(d_{ref} - d_m)/d] \times 100\% \qquad (1)$$

式中：d_{ref}——参考直径；

d_m——实测直径；

d——公称直径。

示例1：直径为 40mm 的 6×36-IWRC 钢丝绳，参考直径为 41.2mm，检测时的实测直径为 39.5mm，直径减小百分比为：

$$[(41.2 - 39.5)/40] \times 100\% = 4.25\%$$

注1：从附表 1-5 中查得，与其对应的，因直径等值减小而趋于报废的严重程度分级为 20%（轻度）。

注2：当钢丝绳从参考直径减小公称直径的 7.5% 即 3mm 时，就达到报废基准。此时的报废直径为 38.2mm。

示例2：同样的钢丝绳，检测时的实测直径为 38.5mm，直径减小百分比为：

$$[(41.2 - 38.5)/40] \times 100\% = 6.75\%$$

注3：从附表 1-5 中查得，严重程度分级为 80%（严重）。

6.3.3 局部减小

如果发现直径有明显的局部减小，如由绳芯或钢丝绳中心区损伤导致的直径局部减小，应报废该钢丝绳（如与绳股凹陷有关的直径减小，参见图 B.3）。

6.4 断股

如果钢丝绳发生整股断裂，则应立即报废。

6.5 腐蚀

报废基准和腐蚀严重程度分级见附表 1-6。

评估腐蚀范围时，重要的是区分钢丝腐蚀和由于外来颗粒氧化而产生的钢丝绳表面腐蚀之间的差异。

在评估前，应将钢丝绳的拟检测区段擦净或刷净，但不宜使用溶剂清洗。

腐蚀报废基准和严重程度分级 附表 1-6

腐蚀类型	状　态	严重程度分级
外部腐蚀[a]	表面存在氧化迹象，但能够擦净 钢丝表面手感粗糙 钢丝表面重度凹痕以及钢丝松弛[b]	浅表——0% 重度——60%[c] 报废——100%
内部腐蚀[d]	内部腐蚀的明显可见迹象——腐蚀碎屑从外绳股之间的股沟溢出[e]	报废——100% 或 如果主管人员认为可行，则按附录 C 所给的步骤进行内部检验
摩擦腐蚀	摩擦腐蚀过程为：干燥钢丝和绳股之间的持续摩擦产生钢质微粒的移动，然后是氧化，并产生形态为干粉（类似红铁粉）状的内部腐蚀碎屑	对此类迹象特征宜作进一步探查，若仍对其严重性存在怀疑，宜将钢丝绳报废（100%）

[a] 实例参见图 B.11 和图 B.12。钢丝绳外部腐蚀进程的实例，参见附录 H。
[b] 对其他中间状态，宜对其严重程度分级做出评估（即在综合影响中所起的作用）。
[c] 镀锌钢丝的氧化也会导致钢丝表面手感粗糙，但是总体状况可能不如非镀锌钢丝严重。在这种情况下，检验人员可以考虑将表中所给严重程度分级降低一级作为其在综合影响中所起的作用。
[d] 实例参见图 B.19。
[e] 虽然对内部腐蚀的评估是主观的，但如果对内部腐蚀的严重程度有怀疑，就宜将钢丝绳报废。

注：内部腐蚀或摩擦腐蚀能够导致直径增大。

6.6 畸形和损伤

6.6.1 总则

钢丝绳失去正常形状而产生的可见形状畸变都属于畸形。畸形通常发生在局部，会导致畸形区域的钢丝绳内部应力分布不均匀。

畸形和损伤会以多种方式表现出来，在6.6.2～6.6.10中给出了较常见的几种类型的报废基准。

只要钢丝绳的自身状态被认为是危险的，就应立即报废。

6.6.2 波浪形

在任何条件下，只要出现以下情况之一，钢丝绳就应报废（见附图1-8）：

a) 在从未经过、绕进滑轮或缠绕在卷筒上的钢丝绳直线区段上，直尺和螺旋面下侧之间的间隙 $g \geqslant 1/3 \times d$；

b) 在经过滑轮或缠绕在卷筒上的钢丝绳区段上，直尺和螺旋面下侧之间的间隙 $g \geqslant 1/10 \times d$。

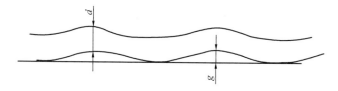

说明：

d——钢丝绳公称直径；

g——间隙。

附图1-8 波浪形钢丝绳

注：波浪形钢丝绳的实例参见图B.8。

6.6.3 笼状畸形

出现篮形或灯笼状畸形（参见图B.9）的钢丝绳应立即报废，或者将受影响的区段去掉，但应保证余下的钢丝绳能够满足使用要求。

6.6.4 绳芯或绳股突出或扭曲

发生绳芯或绳股突出（参见图 B.2、图 B.4）的钢丝绳应立即报废，或者将受影响的区段去掉，但应保证余下的钢丝绳能够满足使用要求。

注：这是篮形或灯笼状畸形的一种特殊类型，其表征为绳芯或钢丝绳外层股之间中心部分的突出，或者外层股或股芯的突出。

6.6.5 钢丝的环状突出

钢丝突出通常成组出现在钢丝绳与滑轮槽接触面的背面，发生钢丝突出的钢丝绳应立即报废（参见图 B.1）。

注：钢丝绳外层股之间突出的单根绳芯钢丝，如果能够除掉或在工作时不会影响钢丝绳的其他部分，可以不必将其作为报废钢丝绳的理由。

6.6.6 绳径局部增大

钢芯钢丝绳直径增大 5% 及以上，纤维芯钢丝绳直径增大 10% 及以上，应查明其原因并考虑报废钢丝绳（参见图 B.16）。

注：钢丝绳直径增大可能会影响到相当长的一段钢丝绳，例如纤维绳芯吸收了过多的潮气膨胀引起的直径增大，会使外层绳股受力不均衡而不能保持正确的旋向。

6.6.7 局部扁平

钢丝绳的扁平区段经过滑轮时，可能会加速劣化并出现断丝。此时，不必根据扁平程度就可考虑报废钢丝绳。

在标准索具中的钢丝绳扁平区段可能会比正常绳段遭受更大程度的腐蚀，尤其是当外层绳股散开使湿气进入时。如果继续使用，就应对其进行更频繁的检查，否则宜考虑报废钢丝绳。

由于多层缠绕而导致钢丝绳的局部扁平，如果伴随扁平出现的断丝数不超过附表 1-3 和附表 1-4 规定的数值，可不报废。

图 B.5 和图 B.18 是两种不同的扁平类型。

6.6.8 扭结

发生扭结的钢丝绳应立即报废（参见图 B.6、图 B.7、图 B.17）。

注：扭结是一段环状钢丝绳在不能绕其自身轴线旋转的状态下被拉紧而产生的一种畸形。扭结使钢丝绳捻距不均导致过度磨损，严重的扭曲会使钢丝绳强度大幅降低。

6.6.9 折弯

折弯严重的钢丝绳区段经过滑轮时可能会很快劣化并出现断丝，应立即报废钢丝绳。

如果折弯程度并不严重，钢丝绳需要继续使用时，应对其进行更频繁的检查，否则宜考虑报废钢丝绳。

注：折弯是钢丝绳由外部原因导致的一种角度畸形。

通过主观判断确定钢丝绳的折弯程度是否严重。如果在折弯部位的底面伴随有折痕，无论其是否经过滑轮，均宜看作是严重折弯。

6.6.10 热和电弧引起的损伤

通常在常温下工作的钢丝绳，受到异常高温的影响，外观能够看出钢丝被加热过后颜色的变化或钢丝绳上润滑脂的异常消失，应立即报废。

如果钢丝绳的两根或更多的钢丝局部受到电弧影响（例如焊接引线不正确的接地所导致的电弧），应报废。这种情况会出现在钢丝绳上的电流进出点上。

附 录 A
（资料性附录）
需要特别严格检查的关键部位

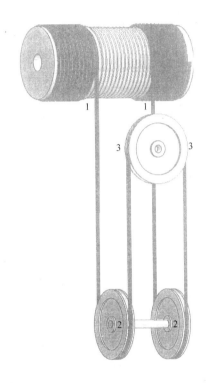

说明：
1——载荷吊起时缠绕在卷筒上的区段和其他发生最严重干涉的区段（通常与钢丝绳最大偏角同时出现）；
2——载荷吊起时钢丝绳进入滑轮组的区段；
3——直接与平衡滑轮接触的区段，特别是在进入点处。

图 A.1 单层缠绕

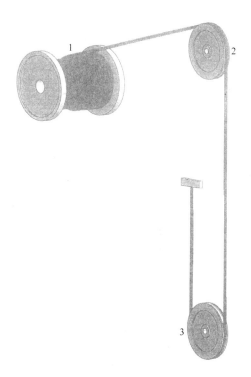

说明：
1——交叉重叠区和发生最严重干涉的区段（通常与钢丝绳最大偏角同时出现）；
2——载荷吊起时钢丝绳进入顶部滑轮的区段；
3——载荷吊起时钢丝绳进入下部滑轮组的区段。

图 A.2　多层缠绕

附 录 B
（资料性附录）
典型的劣化模式

表 B.1 列出了钢丝绳可能出现的缺陷及其相应的报废基准。图 B.1～图 B.19 给出了各种缺陷的典型实例。

钢丝绳缺陷　　　　　　　表 B.1

图	缺 陷	对应章条
B.1	钢丝突出	6.6.5
B.2	绳芯突出——单层钢丝绳	6.6.4
B.3	钢丝绳直径局部减小（绳股凹陷）	6.3
B.4	绳股突出或扭曲	6.6.4
B.5	局部扁平	6.6.7
B.6	扭结（正向）	6.6.8
B.7	扭结（反向）	6.6.8
B.8	波浪形	6.6.2
B.9	笼状畸形	6.6.3
B.10	外部磨损	5.3.1、附表1-1 和 E.2
B.11	外部腐蚀	6.5
B.12	图 B.11 的局部放大	6.5
B.13	股顶断丝	6.2
B.14	股沟断丝	6.2
B.15	阻旋转钢丝绳的内绳突出	E.4 c)
B.16	绳芯扭曲引起的钢丝绳直径局部增大	6.6.6
B.17	扭结	6.6.8
B.18	局部扁平	6.6.7
B.19	内部腐蚀	6.5

图 B.1 钢丝突出

图 B.2 绳芯突出——单层钢丝绳

图 B.3 钢丝绳直径局部减小（绳股凹陷）

图 B.4 绳股突出或扭曲

图 B.5 局部扁平

图 B.6 扭结（正向）

图 B.7 扭结（反向）

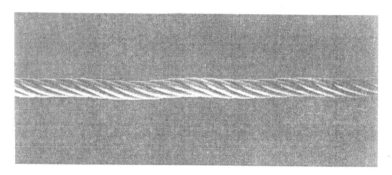

图 B.8 波浪形

图 B.9 笼状畸形

图 B.10 外部磨损

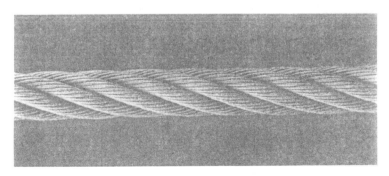

图 B.11 外部腐蚀

图 B.12　图 B.11 的局部放大

图 B.13　股顶断丝

图 B.14 股沟断丝

图 B.15 阻旋转钢丝绳的内绳突出

图 B.16 绳芯扭曲引起的钢丝绳直径局部增大

图 B.17 扭结

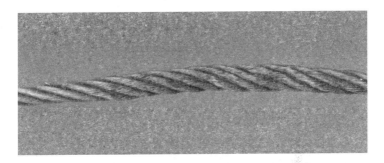

图 B.18 局部扁平

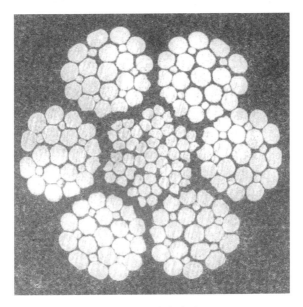

图 B.19 内部腐蚀

附 录 C
（资料性附录）
钢丝绳的内部检验

C.1 概述

当主管人员决定对使用中的钢丝绳进行内部检验时，检验工作应极其小心地进行，防止对钢丝绳造成永久性的损伤和/或畸形。实际上，与在空中向上展开相比，将钢丝绳在地面展开更容易进行检验。

并不是所有的类型和尺寸的钢丝绳都能够充分地打开作内部状态的检验。

由于内部检验通常是通过检验位置的外观迹象来判断钢丝绳内部状况的，所以往往受到检验位置的限制。内部检验宜在钢丝绳完全不受拉力的状态下实施。

注：通过对被更换的报废钢丝绳作详细检查，可以获得钢丝绳劣化的相关经验，包括散开绳股暴露其内部元件，而这些元件在钢丝绳使用过程的检验是看不到的。偶然还会发现比在日常例行检查过程中设想的情况更严重，有时钢丝绳甚至会达到濒临断裂的程度。

C.2 检验步骤

C.2.1 钢丝绳的一般检验

用两个夹具将钢丝绳夹紧，并注意夹具之间的间距［见图C.1（a）］。夹具的钳口应能满足下列要求：

a）钳口尺寸能够夹紧钢丝绳且不会使其畸形；

b）钳口材料应能保证在不打滑、不损伤钢丝绳的前提下，将钢丝绳打开。

钳口宜采用皮革之类的材料制造，并采用整体嵌入式结构。

沿着与钢丝绳捻向相反的方向转动夹具，外层股就会散开并与绳芯分离或脱离钢丝绳中心，但要确保绳股不会过度移位。

在钢丝绳稍微打开的时候，用 T 形针（用螺丝刀改制）之类的小探针，将可能妨碍观察钢丝绳内部的润滑脂和杂物清除。

观察以下各项：

——腐蚀程度；

——钢丝上的凹痕（源于挤压或磨损）；

——外层股和绳芯及绳中心区域出现的断丝（可能不太容易看到）；

——内部润滑状态。

合上钢丝绳前，应为打开的绳段涂抹润滑剂。

用力平缓地转动夹具，将钢丝绳合上，确保外层股能够环绕绳芯或绳中心正确复位。通常需要使钳口恰好回到初始位置。

拆下钳口后，在允许起重机恢复正常使用前，应对受检部位及附近区域涂敷润滑剂。

C.2.2 绳端固定装置附近的钢丝绳区段的检验

在这些位置上，只要一个夹具就够了，绳端固定装置或者一根合适地穿过绳端固定装置端部的拴杆，一般能够保证固定［见图 C.1（b）］。

其内部检验应按 C.2.1 的要求实施。

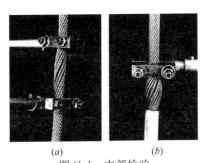

(a)　　　　　　　(b)

图 C.1　内部检验

(a) 钢丝绳的连续区段（零张力）；

(b) 钢丝绳端部，靠近绳端固定装置处（零张力）

附 录 D

(资料性附录)

检查记录的典型示例

D.1 一次检查记录

起重机概况：	钢丝绳用途：							
钢丝绳详细资料： 商标名称(若已知)： 公称直径 _____ mm 结构： 绳芯[a]：IWRC 独立钢丝绳 / FC 纤维(天然或合成织物) / WSC 钢丝股 钢丝绳表面[a]： 无镀层　镀锌 捻向和捻制类型[a]：右向：sZ 交互捻　zZ 同向捻　Z 右捻　左向：zS 交互捻　sS 同向捻　S 左捻 允许可见外部断丝数量： _____ (在 6d 长度范围内) _____ (在 30d 长度范围内) 参考直径： _____ mm 允许的绳径减小量(从参考直径算起)： _____ mm								
安装日期(年/月/日)： _____ 　报废日期(年/月/日)： _____								
可见外部断丝数		直径			腐蚀	损伤和畸形		在钢丝绳上的位置	总体评价(发生位置的综合严重程度[b])
长度范围	严重程度[b]	实测直径 mm	相对参考直径的实际减小量 mm	严重程度[b]	严重程度[b]	严重程度[b]	类型		
6d　30d	6d　30d								
其他观察结果/说明： 使用时间(周期/小时/天/月/及其他)： _____ 检查日期：　年　　月　　日 主管人员姓名(印刷体)： _____ 主管人员签字： _____								
[a] 打勾标记选中项目。 [b] 严重程度的表示：轻度、中度、重度、严重、报废。								

D.2 定期检查记录

起重机概况	钢丝绳安装日期 ......年......月......日	钢丝绳详细资料（钢丝绳标记见ISO 17983）				
钢丝绳用途：	钢丝绳报废日期 ......年......月......日	RCN[a]	公称直径 mm	商标名称	绳芯[b] IWRC FC WSC	钢丝表面 无镀层 镀锌	捻向和捻制类型[b] 右向：sZ zZ Z 左向：zS sS S
钢丝绳终端固定装置：		允许可见外部断丝数量：在$6d$范围内............ 在$30d$范围内............		结构			相对参考直径的直径允许 减小量............mm

检查日期	可见外部断丝						直径			腐蚀			损伤和畸形			总体评价	主管人员姓名
	在以下长 度范围内的 断丝数		断丝在钢 丝绳上的 部位		严重程度[c]		实测 直径 mm	相对参 考直径 的实际 减小量 mm	在钢丝 绳上的 位置	严重 程度[c]	在钢丝 绳上的 位置	严重 程度[c]	在钢丝 绳上的 位置	严重 程度[c]		（综合严 重程度）	
年/月/日	$6d$	$30d$	$6d$	$30d$	$6d$	$30d$											印刷体
																	签字

[a] RCN是钢丝绳类别编号（见表3、表4和附录G）。
[b] 打勾标记选中项目。
[c] 严重程度的表示：20%或轻度；40%或中度；60%或严重；80%或严重；100%或报废。

附 录 E
（资料性附录）
关于钢丝绳劣化和报废基准的实用资料

E.1 断丝

a) 一般情况——随机分布

在单层股（例如六股和八股钢丝绳）和平行捻密实型钢丝绳经过钢制滑轮的情况下，断丝通常沿钢丝绳随机地出现在绳股的顶部，即外层股的外表面。这种断丝常常与外部磨损区域有关。在阻旋转型钢丝绳的情况下，大部分断丝可能出现在内部，而且在外观检查时很难发现。因此，阻旋转钢丝绳的允许可见断丝数少于单层股钢丝绳和平行捻密实钢丝绳，见附表1-3和附表1-4。弯曲疲劳作为主要劣化模式时，钢丝绳是在经历了一定的工作循环次数以后才开始出现断丝的。随着工作时间的推移，断丝数量逐渐增加，建议定期地严格检查并记录发现的断丝数，掌握断丝增加的速率，为确定下一次定期检验的日期提供依据。

b) 交叉重叠区域（多层缠绕）

钢丝绳在卷筒上多层缠绕的起重设备，预期的主要劣化模式为发生在交叉重叠区域的断丝和畸形。试验和经验都证明：与只经过滑轮的钢丝绳区段相比，这些区域的钢丝绳的性能会急剧降低。在钢丝绳定期检验过程中，这些区域成了主管人员关注的焦点。

c) 区域性

当断丝呈现区域性分布或集中出现在某一绳股时，很难给出允许断丝数的准确数值。有时，区域性断丝会以捻距为间隔重复出现，起始点通常是在局部磨损的区域。在这种情况下，允许断丝数由主管人员确定,但应小于附表 1-3 和附表 1-4 规定的数值。

d）股沟断丝

一根股沟断丝有可能是内部劣化的征兆,因此应对该区段钢丝绳进行严格的检查。尤其是对于小尺寸的钢丝绳,使其脱离正常位置后在无张力的状态下弯曲,有时会看到断丝。如果一个捻距内出现一根以上的股沟断丝,就应认为绳芯或钢丝绳中心已经不能充分地支持外层绳股了。

E.2 直径减小

外部磨损是导致钢丝绳直径减小的原因之一。外部磨损可能是整体或是局部的,通常是由钢丝绳与滑轮或卷筒的接触或上下钢丝绳之间的压力引起的,如钢丝绳在卷筒上缠绕时的交叉重叠区域的磨损。磨损可能沿着或围绕钢丝绳表面均匀分布,也可能沿钢丝绳的一侧发生。如果磨损不均匀,应查明原因,如有可能,还要采取纠正措施。

更显著的磨损通常出现在载荷加速或减速时与滑轮绳槽和卷筒绳槽相接触的钢丝绳区段。

润滑不足或不正确以及具有磨蚀作用的灰尘和沙土的存在都会影响到磨损速度。

除了上述明显可见的劣化模式外,下列原因也可能导致钢丝绳直径的减小:

a）内部磨损和钢丝凹痕;

b）由钢丝绳内部相邻绳股和钢丝之间的摩擦导致的内部磨损,特别是钢丝绳受弯时;

c）纤维芯的劣化或钢芯的断裂;

d）阻旋转钢丝绳内层股的断裂。

由于磨损导致了钢丝绳金属截面积的减小,钢丝绳的强度也会随之降低。

E.3 腐蚀

腐蚀特别容易发生在海洋环境和工业污染的大气环境中，腐蚀不仅会减小金属截面积导致钢丝绳的强度降低，还会引起不规则表面导致应力裂纹扩展，进而加速疲劳。严重腐蚀还会导致钢丝绳的弹性降低。

内部腐蚀比外部腐蚀更难发现，但是它们常常同时发生。内部腐蚀在钢丝绳的外观检查时常常不是很明显，如果发现疑点，应由主管人员对钢丝绳进行内部检查。

E.4 畸形和损伤

a) 波浪形

波浪形是钢丝绳在有载荷或无载荷作用时，其纵向轴线呈螺旋状的一种畸形。波浪形会导致钢丝绳强度降低，产生不正常的附加应力，增加不正常的磨损和过早的出现断丝。严重时，波浪形还会影响与钢丝绳相关部件的工作条件，如滑轮轴承、滑轮绳槽、导向装置和卷筒。

b) 笼状或灯笼状畸形

笼状或者灯笼状畸形，也称为"鸟笼"状畸形，是由于钢丝绳绳芯和外层绳股之间的长度差异而产生的。能够形成这种畸形的原因有多种，例如：

1) 当钢丝绳以很大的偏角经过滑轮或进出卷筒时，首先与滑轮或卷筒绳槽的边缘接触，然后滚进绳槽底部。这个过程会使绳股松散，而外层绳股的松散程度要比钢丝绳绳芯大，造成了它们之间的长度差异；

2) 当滑轮绳槽的槽底直径过小时，钢丝绳经过滑轮时就会受到挤压。在受到挤压的钢丝绳直径变小的同时，钢丝绳的长度就会增加。由于钢丝绳外层绳股的压缩和伸长程度都比绳芯大，所以这种作用过程也会造成它们之间的长度差异。

在以上两种情况下，滑轮和卷筒会改变松散外层股的位置，将这种长度差异"赶"到缠绕系统内钢丝绳的某一位置，形成笼状畸形。

c) 绳芯或绳股突出

这是笼状畸形的一种特殊形式，是钢丝绳失衡的结果，具体表现为：绳芯或阻旋转钢丝绳的中心绳从外层股之间突出，钢丝绳外层股或绳芯股的突出。

d) 钢丝突出

钢丝突出是指分散或聚集的钢丝从钢丝绳中突出，通常是在钢丝绳上与滑轮槽接触面的背面，以钢丝环的形式突出。

e) 绳径增大

这种现象常常与绳芯的状态变化有关，如纤维芯吸潮后的膨胀或钢丝绳内腐蚀碎屑的聚集。

f) 局部扁平

钢丝绳被扁平的部位经过滑轮，会很快劣化，出现断丝并对滑轮构成潜在危害。

g) 热或电弧损伤

受到异常热影响的钢丝绳区段，有时能够通过钢丝绳的颜色变化发现，例如"发蓝"效应。

h) 弹性降低

在某些情况下，常常与工作环境有关，钢丝绳会经受实质性的弹性降低，致使不能继续使用。

这种现象通常很难被发现，但会伴随下列情况发生：

1) 钢丝绳直径减小；

2) 钢丝绳长度增加；

3) 绳股之间、钢丝之间的间隙减小；

4)绳股之间、钢丝之间的凹处出现褐色的细粉末（摩擦腐蚀的迹象）；

5)钢丝绳在使用时有明显的僵硬感，即使还没有可见断丝，直径减小量也比钢丝间的单纯磨损产生的直径减小量大。

附录 F
（资料性附录）
钢丝绳状态和劣化程度的综合影响评价——方法之一

F.1 概述

虽然断丝是钢丝绳报废的常见原因，但劣化通常是多种因素综合影响的结果。例如，钢丝绳可能在遭受断丝和反复经过滑轮时的均匀磨损的同时，还会由于在海洋环境下工作而受到腐蚀。

因此，主管人员需要做如下工作：

a）考虑不同的劣化模式，特别是当它们发生在钢丝绳的同一位置时；

b）对不同劣化模式的综合影响作总体评价；

c）：确定钢丝绳是否可以继续安全使用，如果能够继续使用，是否需要修改检验和报废规则的相关条款。

以下是一种确定综合影响的方法：

1）检验并记录每种独立劣化模式的类型和数量，例如：在 $6d$ 长度范围内的断丝数、以毫米为单位的直径减小量以及腐蚀范围等等。

2）评价每种独立劣化模式的严重程度。严重程度可以表示为独立报废基准的百分比，例如：如果发现的允许断丝数达到独立报废基准的 40%，就表示为趋于报废的等级为 40%。严重程度分级也可以用文字表示为轻度、中度、高度、严重、报废。

3）当多种独立的劣化模式出现在同一区域时，可将该区域上各种独立的劣化级别相加，将严重程度表示为综合百分比，也可以对综合严重程度做出评价，将程度分级用文字表示，如轻度、中度、重度、严重、报废。

注1：本条给出的"综合影响"评价方法中，假设劣化是渐进式的，而不是突发式的。如果综合分级是由两或三个更普通的独立劣化模式平均分担的结果（如：40%来自断丝、40%来自直径减小），则认为其严重程度不如任意给定区段上单一作用的劣化模式高（如：80%来自断丝，几乎没有直径减小和腐蚀）。

注2：直径等值减小的分级不适用于钢丝绳在卷筒上多层缠绕的区段和挤压形式的劣化以及与钢丝畸形和断丝相关的劣化，如交叉重叠区域的劣化。

注3：本条给出的"综合影响"评价方法，提供了一种确定钢丝绳的特殊区段总体状态等级的简单方法。其他同样可接受的方法，可以由主管人员根据其检测类似起重机上的类似钢丝绳的经验，自己开发、应用。

F.2 实例

以下四个例子能够帮助理解"综合影响"法的应用：

例1：直径为22mm的6×36WS-IWRC sZ型钢丝绳，用于起重葫芦（工作级别M4），单层缠绕。

根据附表1-3，表示报废的外部钢丝断丝数，在$6d$长度范围内是9，在$30d$长度范围内是18。因此，如果在$6d$长度范围内发现2根断丝，但在$30d$长度范围内没超过18根，则对应的单一模式劣化的严重程度等级为20%。

根据附表1-5，从参考直径算起的直径等值减小量的报废基准为公称直径的7.5%，等于1.65mm。如果参考直径是22.6mm，检测时的测量直径为21.8mm，则直径减小表示为公称直径的百分比是：$[(22.6-21.8)/22]\times100\%=3.6\%$。从附表1-5得到严重程度等级为20%。

如果在本例中提到的这些劣化发生在钢丝绳的同一部位，它们就可以综合，综合后的严重程度等级为40%。

例2：直径为22mm的18×7-WSC sZ型钢丝绳，用于起重葫芦（工作级别 M4），单层缠绕。

根据附表 1-4，表示报废的外部钢丝断丝数，在 $6d$ 长度范围内是 2，在 $30d$ 长度范围内是 4。如果在 $6d$ 长度范围内发现 1 根断丝，但在 $30d$ 长度范围内没超过 4 根，则对应的单一模式劣化的严重程度等级为 50%。

根据附表 1-5，从参考直径算起的直径等值减小量的报废基准为公称直径的 5%，等于 1.10mm。如果参考直径是 22.6mm，检测时的测量直径为 21.8mm，则直径减小表示为公称直径的百分比是：[(22.6－21.8)/22]×100％＝3.6%。从附表 1-5 得到严重程度等级为 60%。

如果在本例中提到的这些劣化发生在钢丝绳的同一部位，它们就可以综合，综合后的严重程度等级为 110%（即：报废）。

例 3：直径为 22mm 的 6×25F-IWRC zZ 型钢丝绳，用于履带起重机的臂架起升（工作级别 M4），多层缠绕。

根据附表 1-3，在交叉重叠区域表示报废的外部钢丝断丝数，在 $6d$ 长度范围内是 10。如果在交叉重叠区域 $6d$ 长度范围内发现 7 根断丝，但在 $30d$ 长度内没超过 20 根，则对应的劣化严重程度等级为 70%（即：重度）。

由于在交叉重叠区域不考虑直径减小，严重程度等级的最终结果为 70%。

例 4：直径为 22mm 的 18×19-WSC zZ 型钢丝绳，用于流动式起重机的起升机构（工作级别 M4），多层缠绕。

根据附表 1-4，在交叉重叠区域表示报废的外部钢丝断丝数，在 $6d$ 长度范围内是 8。如果在交叉重叠区域 $6d$ 长度范围内发现 4 根断丝，但在 $30d$ 长度内没超过 16 根，则对应的劣化严重程度等级为 50%（即：中度）。

由于在交叉重叠区域不考虑直径减小，严重程度等级的最终结果为 50%。

严重程度分级举例 表 F.1

例号	单一劣化模式的严重程度级别%			综合严重程度级别%	说明
	断丝	直径减小[a]	外部腐蚀		
1	0	20	20	40	安全
2	20	20	0	40	安全
3	20	20	20	60	安全
4	40	20	20	80	增加检验频率
5	40	40	0	80	增加检验频率
6	0	80	0	80	如果直径减小的主要原因为外部腐蚀,应考虑报废
7	60	0	0	60	增加检验频率(特别是断丝检验)
8	60	20	0	80	增加检验频率(特别是断丝检验)并准备更换

[a] 只有经过钢制滑轮或单层缠绕卷筒的钢丝绳才考虑。

附 录 G

（资料性附录）

钢丝绳类别编号（RCN）及对应截面示例

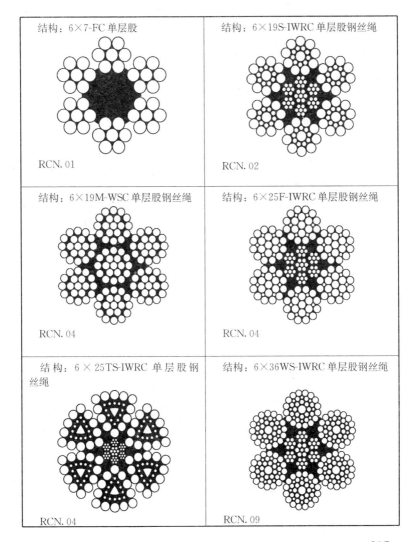

结构：6×41WS-IWRC 单层股钢丝绳 RCN.11	结构：6×37M-IWRC 单层股钢丝绳 RCN.10
结构：8×19S-IWRC 单层股钢丝绳 RCN.04	结构：8×25F-IWRC 单层股钢丝绳 RCN.06
结构：8×19S-PWRC 平行捻密实钢丝绳 RCN.04	结构：8×K26WS-IWRC 单层压实股钢丝绳 RCN.09

	结构：4×K26WS 单层股钢丝绳/压实股阻旋转钢丝绳 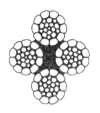 RCN.22
结构：6×K26WS-IWRC 单层压实股钢丝绳 RCN.06	结构：6×K36WS-IWRC 单层压实股钢丝绳 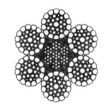 RCN.09
结构：8×K26WS-PWRC 压实股平行捻密实钢丝绳 RCN.09	结构：18×K19S-WSC 或 19×K19S 压实股阻旋转钢丝绳  RCN.26

	结构：4×29F 单层股钢丝绳/4×29F 阻旋转钢丝绳  RCN.21
结构：K3×40 单层压实（锻打）钢丝绳/压实（锻打）阻旋转钢丝绳 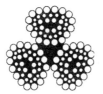 RCN.22	结构：K4×40 单层压实（锻打）钢丝绳/压实（锻打）阻旋转钢丝绳 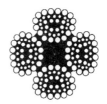 RCN.22
结构：K3×48 单层压实（锻打）钢丝绳/压实（锻打）阻旋转钢丝绳  RCN.22	结构：K4×48 单层压实（锻打）钢丝绳/压实（锻打）阻旋转钢丝绳 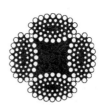 RCN.22

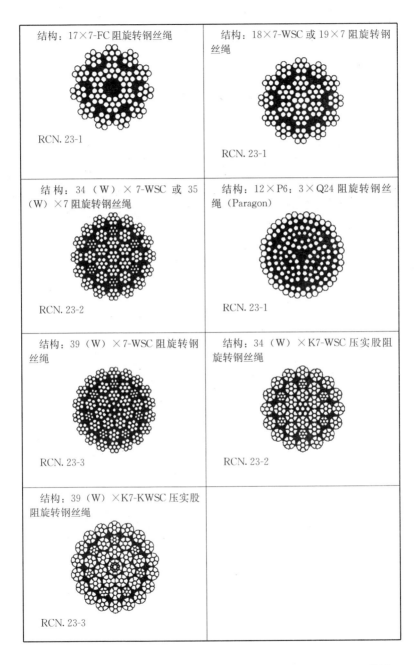

结构：17×7-FC 阻旋转钢丝绳	结构：18×7-WSC 或 19×7 阻旋转钢丝绳
RCN.23-1	RCN.23-1
结构：34（W）×7-WSC 或 35（W）×7 阻旋转钢丝绳	结构：12×P6；3×Q24 阻旋转钢丝绳（Paragon）
RCN.23-2	RCN.23-1
结构：39（W）×7-WSC 阻旋转钢丝绳	结构：34（W）×K7-WSC 压实股阻旋转钢丝绳
RCN.23-3	RCN.23-2
结构：39（W）×K7-KWSC 压实股阻旋转钢丝绳	
RCN.23-3	

附 录 H
（资料性附录）
外部腐蚀程度评价指南

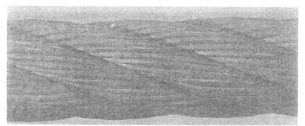

图 H.1 表面氧化的开始，呈浅表性，能够擦干净——趋于报废的严重程度级别 0%

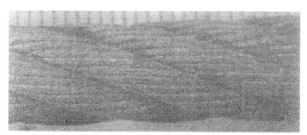

图 H.2 钢丝表面手感粗糙，普通的表面氧化——趋于报废的严重程度级别 20%

图 H.3 氧化严重影响了钢丝表面——趋于报废的严重程度级别 60%

图 H.4 表面有严重凹坑,钢丝非常松弛,钢丝之间出现间隙——立即报废

附录 2

起重吊运指挥信号

引言

为确保起重吊运安全，防止发生事故，适应科学管理的需要，特制订本标准。

本标准对现场指挥人员和起重机司机所使用的基本信号和有关安全技术作了统一规定。

本标准适用于以下类型的起重机械：

桥式起重机（包括冶金起重机）、门式起重机、装卸桥、缆索起重机、塔式起重机、门座起重机、汽车起重机、轮胎起重机、铁路起重机、履带起重机、浮式起重机、桅杆起重机、船用起重机等。

本标准不适用于矿井提升设备、载人电梯设备。

1 名词术语

通用手势信号——指各种类型的起重机在起重、吊运中普遍适用的指挥手势。

专用手势信号——指具有特殊的起升、变幅、回转机构的起重机单独使用的指挥手势。

吊钩（包括吊环、电磁吸盘、抓斗等）——指空钩以及负有载荷的吊钩。

起重机"前进"或"后退"——"前进"指起重机向指挥人

员开来;"后退"指起重机离开指挥人员。

前、后、左、右——在指挥语言中,均以司机所在位置为基准。

音响符号:

"——"表示大于一秒钟的长声符号。

"●"表示小于一秒钟的短声符号。

"○"表示停顿的符号。

2 指挥人员使用的信号

2.1 手势信号

2.1.1 通用手势信号

2.1.1.1 "预备"(注意)

手臂伸直,置于头上方,五指自然伸开,手心朝前保持不动(附图2-1)。

2.1.1.2 "要主钩"

单手自然握拳,置于头上,轻触头顶(附图2-2)。

附图 2-1　　　附图 2-2

2.1.1.3 "要副钩"

一只手握拳，小臂向上不动，另一只手伸出，手心轻触前只手的肘关节（附图 2-3）。

2.1.1.4 "吊钩上升"

小臂向侧上方伸直，五指自然伸开，高于肩部，以腕部为轴转动（附图 2-4）。

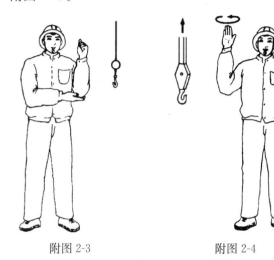

附图 2-3　　　　　　　附图 2-4

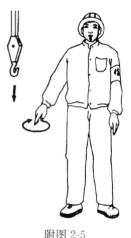

附图 2-5

2.1.1.5 "吊钩下降"

手臂伸向侧前下方，与身体夹角约为 30°，五指自然伸开，以腕部为轴转动（附图 2-5）。

2.1.1.6 "吊钩水平移动"

小臂向侧上方伸直，五指并拢手心朝外，朝负载应运行的方向，向下挥动到与肩相平的位置（附图 2-6）。

2.1.1.7 "吊钩微微上升"

小臂伸向侧前上方，手心朝上高于

肩部，以腕部为轴，重复向上摆动手掌（附图2-7）。

附图2-6

2.1.1.8 "吊钩微微下降"

手臂伸向侧前下方，与身体夹角约为30°，手心朝下，以腕部为轴，重复向下摆动手掌（附图2-8）。

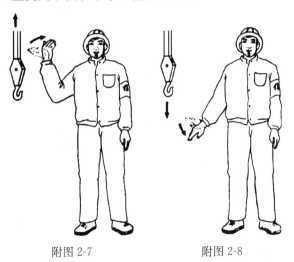

附图2-7　　　　附图2-8

2.1.1.9 "吊钩水平微微移动"

247

小臂向侧上方自然伸出,五指并拢手心朝外,朝负载应运行的方向,重复做缓慢的水平运动(附图 2-9)。

附图 2-9

2.1.1.10 "微动范围"

双小臂曲起,伸向一侧,五指伸直,手心相对,其间距与负载所要移动的距离接近(附图 2-10)。

2.1.1.11 "指示降落方位"

五指伸直,指出负载应降落的位置(附图 2-11)。

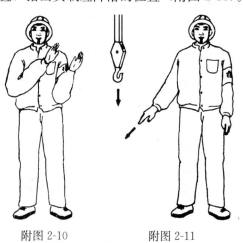

附图 2-10　　　附图 2-11

2.1.1.12 "停止"

小臂水平置于胸前，五指伸开，手心朝下，水平挥向一侧（附图2-12）。

2.1.1.13 "紧急停止"

两小臂水平置于胸前，五指伸开，手心朝下，同时水平挥向两侧（附图2-13）。

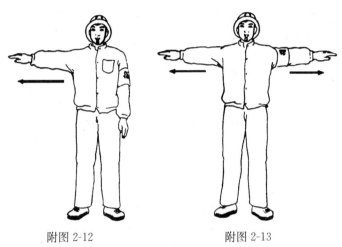

附图2-12　　　　　　　附图2-13

2.1.1.14 "工作结束"

双手五指伸开，在额前交叉（附图2-14）。

2.1.2 专用手势信号

2.1.2.1 "升臂"

手臂向一侧水平伸直，拇指朝上，余指握拢，小臂向上摆动（附图2-15）。

2.1.2.2 "降臂"

手臂向一侧水平伸直，拇指朝下，余指握拢，小臂向下摆动（附图2-16）。

2.1.2.3 "转臂"

手臂水平伸直，指向应转臂的方向，拇指伸出，余指握拢，

249

以腕部为轴转动（附图2-17）。

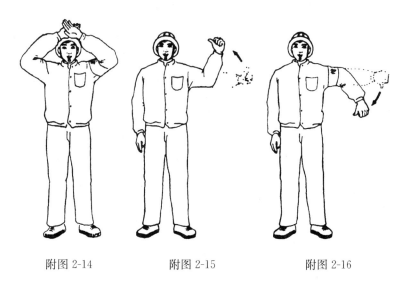

附图2-14　　　　　　附图2-15　　　　　　附图2-16

附图2-17

2.1.2.4 "微微升臂"

一只小臂置于胸前一侧，五指伸直，手心朝下，保持不动。另一只手的拇指对着前手手心，余指握拢，做上下移动（附图2-18）。

2.1.2.5 "微微降臂"

一只小臂置于胸前一侧,五指伸直,手心朝上,保持不动。另一只手的拇指对着前手手心,余指握拢,做上下移动(附图2-19)。

附图 2-18　　附图 2-19

2.1.2.6 "微微转臂"

一只小臂向前平伸,手心自然朝向内侧。另一只手的拇指指向前只手的手心,余指握拢做转动(附图2-20)。

附图 2-20

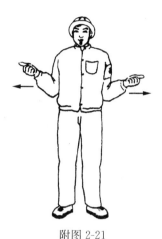

2.1.2.7 "伸臂"

两手分别握拳,拳心朝上,拇指分别指向两侧,做相斥运动(附图2-21)。

2.1.2.8 "缩臂"

两手分别握拳,拳心朝下,拇指对指,做相向运动(附图2-22)。

2.1.2.9 "履带起重机回转"

一只小臂水平前伸,五指自然伸出不动。另一只小臂在胸前作水平重复摆动(附图2-23)。

附图2-21

2.1.2.10 "起重机前进"

双手臂先向前平伸,然后小臂曲起,五指并拢,手心对着自己,做前后运动(附图2-24)。

2.1.2.11 "起重机后退"

附图2-22　　　　　　附图2-23

双小臂向上曲起,五指并拢,手心朝向起重机,做前后运动(附图2-25)。

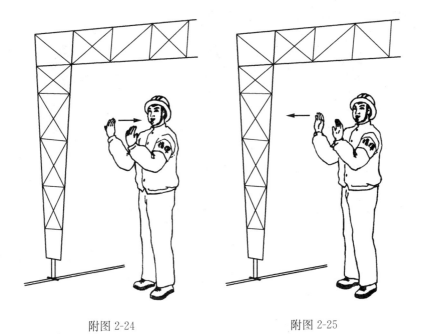

附图 2-24　　　　　　　　　附图 2-25

2.1.2.12　"抓取"（吸取）

两小臂分别置于侧前方，手心相对，由两侧向中间摆动（附图 2-26）。

2.1.2.13　"释放"

两小臂分别置于侧前方，手心朝外，两臂分别向两侧摆动（附图 2-27）。

2.1.2.14　"翻转"

一小臂向前曲起，手心朝上。另一小臂向前伸出，手心朝下，双手同时进行翻转（附图 2-28）。

2.1.3　船用起重机（或双机吊运）专用手势信号

2.1.3.1　"微速起钩"

两小臂水平伸向侧前方，五指伸开，手心朝上，以腕部为轴，向上摆动。当要求双机以不同的速度起升时，指挥起升速度快的一方，手要高于另一只手（附图 2-29）。

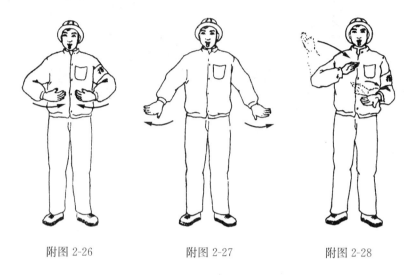

附图 2-26　　　　　附图 2-27　　　　　附图 2-28

2.1.3.2 "慢速起钩"

两小臂水平伸向侧前方，五指伸开，手心朝上，小臂以肘部为轴向上摆动。当要求双机以不同的速度起升时，指挥起升速度快的一方，手要高于另一只手（附图 2-30）。

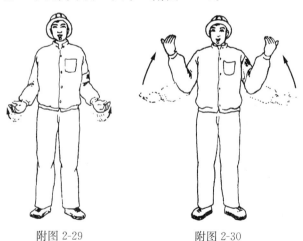

附图 2-29　　　　　附图 2-30

2.1.3.3 "全速起钩"

两臂下垂,五指伸开,手心朝上,全臂向上挥动(附图2-31)。

2.1.3.4 "微速落钩"

两小臂水平伸向侧前方,五指伸开,手心朝下,手以腕部为轴向下摆动。当要求双机以不同的速度降落时,指挥降落速度快的一方,手要低于另一只手(附图2-32)。

2.1.3.5 "慢速落钩"

两小臂水平伸向侧前方,五指伸开,手心朝下,小臂以肘部为轴向下摆动。当要求双机以不同的速度降落时,指挥降落速度快的一方,手要低于另一只手(附图2-33)。

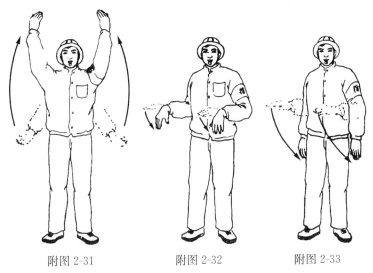

附图2-31　　　　附图2-32　　　　附图2-33

2.1.3.6 "全速落钩"

两臂伸向侧上方,五指伸出,手心朝下,全臂向下挥动(附图2-34)。

2.1.3.7 "一方停止,一方起钩"

指挥停止的手臂作"停止"手势;指挥起钩的手臂则作相应速度的起钩手势(附图2-35)。

附图 2-34　　　　　附图 2-35

2.1.3.8　"一方停止，一方落钩"

指挥停止的手臂作"停止"手势；指挥落钩的手臂则作相应速度的落钩手势（附图 2-36）。

2.2　旗语信号

2.2.1　"预备"

单手持红绿旗上举（附图 2-37）。

附图 2-36　　　　　附图 2-37

2.2.2 "要主钩"

单手持红绿旗,旗头轻触头顶(附图2-38)。

2.2.3 "要副钩"

一只手握拳,小臂向上不动,另一只手拢红绿旗,旗头轻触前只手的肘关节(附图2-39)。

2.2.4 "吊钩上升"

绿旗上举,红旗自然放下(附图2-40)。

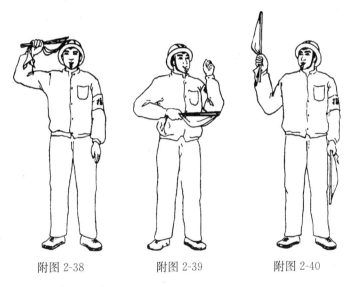

附图2-38　　　　附图2-39　　　　附图2-40

2.2.5 "吊钩下降"

绿旗拢起下指,红旗自然放下(附图2-41)。

2.2.6 "吊钩微微上升"

绿旗上举,红旗拢起横在绿旗上,互相垂直(附图2-42)。

2.2.7 "吊钩微微下降"

绿旗拢起下指,红旗横在绿旗下,互相垂直(附图2-43)。

2.2.8 "升臂"

红旗上举,绿旗自然放下(附图2-44)。

2.2.9 "降臂"

红旗拢起下指,绿旗自然放下(附图 2-45)。

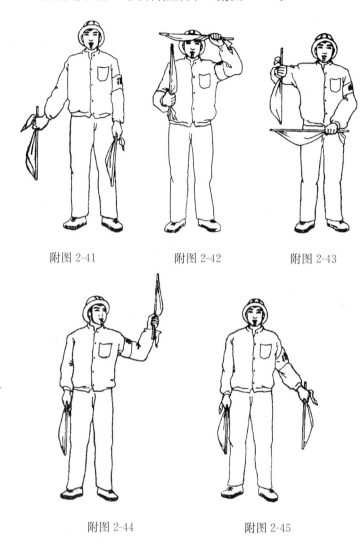

附图 2-41　　　　附图 2-42　　　　附图 2-43

附图 2-44　　　　附图 2-45

2.2.10 "转臂"

红旗拢起,水平指向应转臂的方向(附图 2-46)。

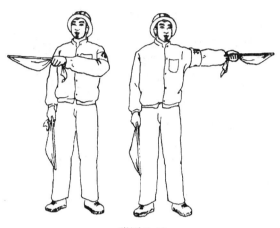

附图 2-46

2.2.11 "微微升臂"

红旗上举，绿旗拢起横在红旗上，互相垂直（附图 2-47）。

2.2.12 "微微降臂"

红旗拢起下指，绿旗横在红旗下，互相垂直（附图 2-48）。

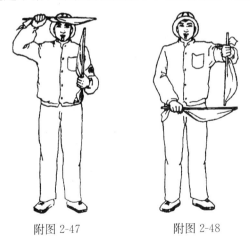

附图 2-47　　　附图 2-48

2.2.13 "微微转臂"

红旗拢起，横在腹前，指向应转臂的方向；绿旗拢起，横在红旗前，互相垂直（附图 2-49）。

附图 2-49

2.2.14 "伸臂"

两旗分别拢起，横在两侧，旗头外指（附图 2-50）。

附图 2-50

2.2.15 "缩臂"

两旗分别拢起，横在胸前，旗头对指（附图 2-51）。

2.2.16 "微动范围"

两手分别拢旗，伸向一侧，其间距与负载所要移动的距离接近（附图 2-52）。

2.2.17 "指示降落方位"

单手拢绿旗,指向负载应降落的位置,旗头进行转动(附图 2-53)。

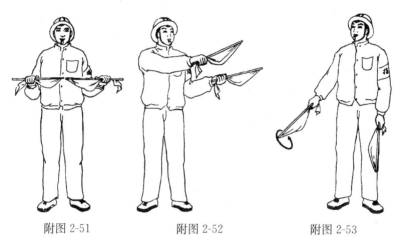

附图 2-51　　　　附图 2-52　　　　附图 2-53

2.2.18 "履带起重机回转"

一只手拢旗,水平指向侧前方,另只手持旗,水平重复挥动(附图 2-54)。

附图 2-54

2.2.19 "起重机前进"

两旗分别拢起,向前上方伸出,旗头由前上方向后摆动(附图 2-55)。

2.2.20 "起重机后退"

两旗分别拢起,向前伸出,旗头由前方向下摆动(附图 2-56)。

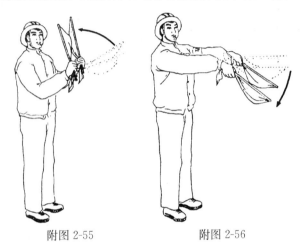

附图 2-55　　　　　　附图 2-56

2.2.21 "停止"

单旗左右摆动,另外一面旗自然放下(附图 2-57)。

附图 2-57

2.2.22 "紧急停止"

双手分别持旗,同时左右摆动(附图2-58)。

附图2-58

2.2.23 "工作结束"

两旗拢起,在额前交叉(附图2-59)。

2.3 音响信号

2.3.1 "预备"、"停止"

一长声——

2.3.2 "上升"

二短声●●

2.3.3 "下降"

三短声●●●

2.3.4 "微动"

断续短声●○●○●

2.3.5 "紧急停止"

急促的长声———

2.4 起重吊运指挥语言

2.4.1 开始、停止工作的语言

附图2-59

起重机的状态	指挥语言	起重机的状态	指挥语言
开始工作	开始	工作结束	结束
停止和紧急停止	停		

2.4.2 吊钩移动语言

吊钩的移动	指挥语言	吊钩的移动	指挥语言
正常上升	上升	正常向后	向后
微微上升	上升一点	微微向后	向后一点
正常下降	下降	正常向右	向右
微微下降	下降一点	微微向右	向右一点
正常向前	向前	正常向左	向左
微微向前	向前一点	微微向左	向左一点

2.4.3 转台回转语言

转台的回转	指挥语言	转台的回转	指挥语言
正常右转	右转	正常左转	左转
微微右转	右转一点	微微左转	左转一点

2.4.4 臂架移动语言

臂架的移动	指挥语言	臂架的移动	指挥语言
正常伸长	伸长	正常升臂	升臂
微微伸长	伸长一点	微微升臂	升一点臂
正常缩回	缩回	正常降臂	降臂
微微缩回	缩回一点	微微降臂	降一点臂

3 司机使用的音响信号

3.1 "明白"——服从指挥

一短声●

3.2 "重复"——请求重新发出信号

二短声●●

3.3 "注意"

长声————

4 信号的配合应用

4.1 指挥人员使用音响信号与手势或旗语信号的配合

4.1.1 在发出 2.3.2 "上升"音响时，可分别与"吊钩上升"、"升臂"、"伸臂"、"抓取"手势或旗语相配合。

4.1.2 在发出 2.3.3 "下降"音响时，可分别与"吊钩下降"、"降臂"、"缩臂"、"释放"手势或旗语相配合。

4.1.3 在发出 2.3.4 "微动"音响时，可分别与"吊钩微微上升"、"吊钩微微下降"、"吊钩水平微微移动"、"微微升臂"、"微微降臂"手势或旗语相配合。

4.1.4 在发出 2.3.5 "紧急停止"音响时，可与"紧急停止"手势或旗语相配合。

4.1.5 在发出 2.3.1 音响信号时，均可与上述未规定的手势或旗语相配合。

4.2 指挥人员与司机之间的配合

4.2.1 指挥人员发出"预备"信号时，要目视司机，司机接到信号在开始工作前，应回答"明白"信号。当指挥人员听到回答信号后，方可进行指挥。

4.2.2 指挥人员在发出"要主钩"、"要副钩"、"微动范围"手势或旗语时，要目视司机，同时可发出"预备"音响信号，司机接到信号后，要准确操作。

4.2.3 指挥人员在发出"工作结束"的手势或旗语时，要目视司机，同时可发出"停止"音响信号，司机接到信号后，应回答"明白"信号方可离开岗位。

4.2.4 指挥人员对起重机械要求微微移动时，可根据需要，重复给出信号。司机应按信号要求，缓慢平稳操纵设备。除此以外，如无特殊要求（如船用起重机专用手势信号），其他指挥信号，指挥人员都应一次性给出。司机在接到下一个信号前，必须按原指挥信号要求操纵设备。

5 对指挥人员和司机的基本要求

5.1 对使用信号的基本规定

5.1.1 指挥人员使用手势信号均以本人的手心、手指或手臂表示吊钩、臂杆和机械位移的运动方向。

5.1.2 指挥人员使用旗语信号均以指挥旗的旗头表示吊钩、臂杆和机械位移的运行方向。

5.1.3 在同时指挥臂杆和吊钩时，指挥人员必须分别用左手指挥臂杆，右手指挥吊钩。当持旗指挥时，一般左手持红旗指挥臂杆，右手持绿旗指挥吊钩。

5.1.4 当两台或两台以上起重机同时在距离较近的工作区域内工作时，指挥人员使用音响信号的音调应有明显区别，并要配合手势或旗语指挥。严禁单独使用相同音调的音响指挥。

5.1.5 当两台或两台以上起重机同时在距离较近的工作区域内工作时，司机发出的音响应有明显区别。

5.1.6 指挥人员用"起重吊运指挥语言"指挥时，应讲普通话。

5.2 指挥人员的职责及其要求

5.2.1 指挥人员应根据本标准的信号要求与起重机司机进行联系。

5.2.2 指挥人员发出的指挥信号必须清晰、准确。

5.2.3 指挥人员应站在使司机能看清指挥信号的安全位置上。当跟随负载运行指挥时，应随时指挥负载避开人员和障碍物。

5.2.4 指挥人员不能同时看清司机和负载时，必须增设中间指挥人员以便逐级传递信号，当发现错传信号时，应立即发出停止信号。

5.2.5 负载降落前，指挥人员必须确认降落区域安全时，方可发出降落信号。

5.2.6 当多人绑挂同一负载时，起吊前，应先做好呼唤应答，确认绑挂无误后，方可由一人负责指挥。

5.2.7 同时用两台起重机吊运同一负载时，指挥人员应双手分别指挥各台起重机，以确保同步吊运。

5.2.8 在开始起吊负载时，应先用"微动"信号指挥，待负载离开地面 100～200mm 稳妥后，再用正常速度指挥。必要时，在负载降落前，也应使用"微动"信号指挥。

5.2.9 指挥人员应佩戴鲜明的标志，如标有"指挥"字样的臂章、特殊颜色的安全帽、工作服等。

5.2.10 指挥人员所戴手套的手心和手背要易于辨别。

5.3 起重机司机的职责及其要求

5.3.1 司机必须听从指挥人员指挥，当指挥信号不明时，司机应发出"重复"信号询问，明确指挥意图后，方可开车。

5.3.2 司机必须熟练掌握本标准规定的通用手势信号和有关的各种指挥信号，并与指挥人员密切配合。

5.3.3 当指挥人员所发信号违反本标准的规定时，司机有权拒绝执行。

5.3.4 司机在开车前必须鸣铃示警，必要时，在吊运中也要鸣铃，通知受负载威胁的地面人员撤离。

5.3.5 在吊运过程中，司机对任何人发出的"紧急停止"信号都应服从。

6 管理方面的有关规定

6.1 对起重机司机和指挥人员，必须由有关部门进行本标准的安全技术培训，经考试合格，取得合格证后方能操作或指挥。

6.2 音响信号是手势信号或旗语的辅助信号，使用单位可根据工作需要确定是否采用。

6.3 指挥旗颜色为红、绿色。应采用不易退色、不易产生褶皱的材料。其规格：面幅应为 400mm×500mm，旗杆直径应为 25mm，旗杆长度应为 500mm。

6.4 本标准所规定的指挥信号是各类起重机使用的基本信号。如不能满足需要，使用单位可根据具体情况，适当增补，但增补的信号不得与本标准有抵触。

附录 3

建筑起重机械安装拆卸工（物料提升机）安全技术考核大纲（试行）

1 安全技术理论

1.1 安全生产基本知识

1.1.1 了解建筑安全生产规律法规和规章制度

1.1.2 熟悉有关特种作业人员的管理制度

1.1.3 掌握从业人员的权利义务和法律责任

1.1.4 熟悉高处作业安全知识

1.1.5 掌握安全防护用品的使用

1.1.6 熟悉安全标志、安全色的基本知识

1.1.7 了解施工现场消防知识

1.1.8 了解现场急救知识

1.1.9 熟悉施工现场安全用电基本知识

1.2 专业基础知识

1.2.1 熟悉力学基本知识

1.2.2 了解电学基本知识

1.2.3 熟悉机械基础知识

1.2.4 了解钢结构基础知识

1.2.5 熟悉起重吊装基本知识

1.3 专业技术理论

1.3.1 了解物料提升机的分类、性能

1.3.2 熟悉物料提升机的基本技术参数

1.3.3 掌握物料提升机的基本结构和工作原理

1.3.4 掌握物料提升机安装、拆卸的程序、方法

1.3.5 掌握物料提升机安全保护装置的结构、工作原理和调整（试）方法

1.3.6 掌握物料提升机安装、拆卸的安全操作规程

1.3.7 掌握物料提升机安装自检内容和方法

1.3.8 熟悉物料提升机维护保养要求

1.3.9 了解物料提升机安装、拆卸常见事故原因及处置方法

2 安全操作技能

2.1 掌握装拆工具、起重工具、索具的使用

2.2 掌握钢丝绳的选用、更换、穿绕、固结

2.3 掌握物料提升机架体、提升机构、附墙装置或缆风绳的安装、拆卸

2.4 掌握物料提升机的各主要系统安装调试

2.5 掌握紧急情况应急处置方法

附录 4

建筑起重机械安装拆卸工（物料提升机）安全操作技能考核标准（试行）

1 物料提升机的安装与调试

1.1 考核设备和器具

1.1.1 满足安装运行调试条件的物料提升机部件 1 套（架体钢结构杆件、吊笼、安全限位装置、滑轮组、卷扬机、钢丝绳及紧固件等），或模拟机 1 套；

1.1.2 机具：起重设备、扭力扳手、钢丝绳绳卡、绳索；

1.1.3 其他器具：哨笛 1 个、塞尺 1 套、计时器 1 个；

1.1.4 个人安全防护用品。

1.2 考核方法

每 5 名考生一组，在辅助起重设备的配合下，完成以下作业：

1.2.1 安装高度 9m 左右的物料提升机；

1.2.2 对吊笼的滚轮间隙进行调整；

1.2.3 对安全装置进行调试。

1.3 考核时间：180min，具体可根据实际模拟情况调整。

1.4 考核评分标准

满分 70 分。考核评分标准见附表 4-1，考核得分即为每个人得分，各项目所扣分数总和不得超过该项应得分值。

考核评分标准表　　　　　　　　　附表 4-1

序号	项目	扣分标准	应得分值
1	整机安装	杆件安装和螺栓规格选用错误的，每处扣 5 分	10
2		漏装螺栓、螺母、垫片的，每处扣 2 分	5
3		未按照工艺流程安装的，扣 10 分	10
4		螺母紧固力矩未达标准的，每处扣 2 分	5
5		未按照标准进行钢丝绳连接的，每处扣 2 分	5
6		卷扬机的固定不符合标准要求的，扣 5 分	5
7		附墙装置或缆风绳安装不符合标准要求的，每组扣 2 分	5
8	吊笼滚轮间隙调整	吊笼滚轮间隙过大或过小的，每处扣 2 分	5
9		螺栓或螺母未锁住的，每处扣 2 分	5
10	安全装置进行调试	安全装置未调试的，每处扣 5 分	10
11		调试精度达不到要求的，每处扣 2 分	5
		合计	70

2 零部件的判废

2.1 考核设备和器具

2.1.1 物料提升机零部件（钢丝绳、滑轮、联轴节或制动器）实物或图示、影像资料（包括达到报废标准和有缺陷的）；

2.1.2 其他器具：计时器 1 个。

2.2 考核方法

从零部件的实物或图示、影像资料中随机抽取 2 件（张），由考生判断其是否达到报废标准（缺陷）并说明原因。

2.3 考核时间：10min。

2.4 考核评分标准

满分 20 分。在规定时间内能正确判断并说明原因的，每项得 10 分；判断正确但不能准确说明原因的，每项得 5 分。

3 紧急情况处置

3.1 考核器具

3.1.1 设置电动机制动失灵、突然断电、钢丝绳意外卡住等紧急情况或图示、影像资料;

3.1.2 其他器具:计时器1个。

3.2 考核方法

由考生对电动机制动失灵、突然断电、钢丝绳意外卡住等紧急情况或图示、影像资料所示的紧急情况进行描述,并口述处置方法。对每个考生设置一种。

3.3 考核时间:10min。

3.4 考核评分标准

满分10分。在规定时间内对存在的问题描述正确并正确叙述处置方法的,得10分;对存在的问题描述正确,但未能正确叙述处置方法的,得5分。

参 考 文 献

[1] 杨可桢,程光蕴,李仲生. 机械设计基础. 第5版. 北京:高等教育出版社,2006.
[2] 劳动和社会保障部教材办公室. 机械基础. 第4版. 北京:中国劳动社会保障出版社,2007.
[3] 中华人民共和国行业标准. 龙门架及井架物料提升机安全技术规范 JGJ 88—92. 北京:中国计划出版社,1992.
[4] 中华人民共和国行业标准. 施工现场临时用电安全技术规范 JGJ 46—2005. 北京:中国建筑工业出版社,2005.
[5] 施雯钰. 旋撑制动式物料提升机安全装置:中国,ZL01 2 46651.4. 2002-5-15.